COSMIC
GARDEN
Forerunner

The Portal to Cosmic Consciousness

【新版】

THE CUSTODIANS

BEYOND ABDUCTION

監護人

外星綁架內幕 下

Things are not always what they appear to be.

所謂的綁架並不是綁架
而是靈魂層面同意的合作協議

《迴旋宇宙》系列作者 劃時代的先驅催眠師
DOLORES CANNON（朵洛莉絲・侃南）著

林雨蒨、張志華 譯

園丁的話

就在監護人上集剛出版一個多月，下集還在進行時，我很尊敬和喜愛的本書作者 Dolores Cannon 在美國時間二〇一四年十月十八日上午回到了光的世界。

宇宙花園會繼續譯介出版迴旋宇宙系列，這是宇宙花園的工作。雖然在看到一些人一些事後，偶爾會納悶，出版這些書有用嗎？看的人有因為認識或記起了宇宙的浩瀚而心胸更開闊？更理解愛的真義和提升振頻的重要嗎？讀者看清了人類之所以被困在業力迴圈的癥結嗎？

無論如何，宇宙花園會繼續做該做的事，希望這些書在滿足讀者對宇宙和外星奧秘的好奇之餘，也能更加喚醒讀者內心的那個光。

如作者在書中所提，之後的內容會越來越深奧，我認為，也是越來越有趣。

二〇二四年新版序

時光飛逝，這本書已在台灣出版十年了。雖然和這本書有緣的讀者不多，但怎麼樣也不能讓這本內容豐富又發人深省的好書絕版。於是藉由重新製版的機會，修改錯字，並將一些文句做了較適切的調整。

作者得到書裡的訊息已經是三十多年前的事了，今日讀來，完全沒有違和感，因為宇宙的真理與人類靈性必須往上提升的事實是不會改變的。

看看此刻整體世界和區域政治的走向所帶來的人禍與戰爭，再看看氣候變遷所帶來的日益頻繁及嚴重的天災，人性的救贖與文明的毀滅與否，每個人都透過了思想頻率和行為參與(雖說看似是由各國掌權者決定，但民主國家的權力是人民給的，人民的辨識力可以影響國家方向)。

看到現今脫序的世事，與其被動地寄望新地球的到來，不如每個人每一天好好活出最高善的自己——誠實面對自己和他人，心存善念，不做損人利己之事，不雙重標準，並勇於為弱勢發聲……能做好這幾點，就是在協助地球，也就不負這趟地球之旅了。

——園丁

TABLE OF CONTENTS

目錄

林中兩條岔路，而我……

選了人跡較少的路走

一切就此不同。

——美國詩人羅伯・佛洛斯特（一八七四—一九六三）

第八章　與小灰人的接觸

我決定把接下來的整個調查獨立為本書的第二部（譯注：下冊），因為這都是和珍妮絲持續合作所得的催眠資料。其他個案雖也提供了珍貴資訊，將我從簡單的幽浮調查帶引到複雜的案例，然而，我跟珍妮絲的合作卻因為與外星人的直接溝通而有了不同的方向。

外星人在這段三年期間所提供的資料，引領我越來越深入並進入複雜的理論與解釋，這些是我在調查初期不可能理解的。我向來知道他們不會一次給超過我能負荷的東西。如果資料過於激進或背離常規，我會傾向於忽略，或因為不合理而擱置一旁。假使資訊是像湯匙般地一點點給，或是每次只提供少量，人們對這個現象就會比較容易發展出新的思維，而早先不可能理解的事物也會逐漸開始有奇怪的意義，縱使令人費解，卻也能讓我們朝全新的方向去思考。

我和珍妮絲的合作正是如此。在一開始，她跟其他個案的走向相同，只是會出現些新資料。但後來這些資料卻進入了非常複雜的領域，複雜到我決定只在本書收錄部分內容。

這本書已經比我大多數的著作要來得厚，我想要減少厚度，卻難以選擇要刪減哪些內容。身為調查員，我認為所有資料都會對增益新的見解或看法很有幫助。但隨著持續催眠珍妮絲，我們得到的資料卻脫離了幽浮的範疇，進入不同次元，以及涉及時間和平行宇宙等複雜理論的領域。

我當時已在著手進行另一本以這些內容為主題的書，也就是《迴旋宇宙》，因此我決定把一部分的催眠紀錄放到那本書裡，以免讀者看這本看得一頭霧水，暈頭轉向。我這麼想，當讀者準備好要讀下一本時，他們的心智可能也已經能夠理解涉及其中的理論了。

我是在一九八九年第一次和珍妮絲合作，那時我已調查幽浮和疑似幽浮綁架案例一段時間了（開始於一九八七年）。在早期的時候，我為了調查而長途跋涉，凡有人要求催眠，我都會試著安排時間配合。但現在已沒有這個可能。我的行程因為演說、參加會議和研討會而忙碌，再也沒有空檔只為了專程和一個人合作而往返某地。我不再享有那樣的時間。我現在也仍舊在累積資料，但速度已不像早期那麼緩慢。

一九八九年的夏天，我的第一本書《與諾斯特拉達穆斯對話一》問世，我旅行到小岩城，首次以諾斯特拉達穆斯的預言為主題演說。許多人出於好奇而想接受催眠；當有些人發現我也催眠被外星綁架的個案後，亦紛紛提出要求。我知道盧對此很有興趣，所以每次去小岩城我都會盡量多安排幽浮個案的催眠。珍妮絲便是其中一位。她在我第一場演說結束後走向我，說想跟我談談她人生中感到困擾的事。於是，她在一九八九年八月我再訪小岩城的時候，來到我借住的地方和我談了兩個小時，想為她生命中層出不窮的怪事找到合理解釋。

珍妮絲是很有魅力的四十多歲未婚女子。自青春期便開始的女性問題使得她無法生育。由於她是一家大企業的高階電腦分析師，隱藏身分成了她最主要的考量；她最怕的，就是有個什麼事暗示她不適任而因此失去工作。這些年來，她也曾試著找人談她的經歷，但始終說不出口。我是第一個讓她放寬心透露所有怪事的人。

我開了四個小時的車到小岩城，借住在朋友派西家。派西的房子很大，所以我跟個案的討論和催眠都能保有需要的隱私。當天正準備進行的時候，屋裡只有我和珍妮絲兩人。我把錄音機放在餐桌，以便錄下珍妮絲的談話。話匣子開了後，珍妮絲明顯放鬆下來，只有在我換錄音帶時，她才會注意到錄音機。我們的談話很隨意，有時甚至離題聊到她生活的其他方面，因此我只抄錄了跟本書主題相關的部分。

當珍妮絲終於能釋放所有被壓抑的事件，資料一股腦地冒出，我實在很難理解，於是我請她從最早的記憶談起，希望能由此理出個頭緒。

那些記憶最早可回溯到四歲，當時她常尖叫著醒來，說著「他們」來抓她了。她媽媽以為她只是在做惡夢，但也答應讓她開燈睡覺。她記得有很多次在自己房裡邊玩邊四處看時，她會在窗戶上看到一張臉。她知道是「他們」要來抓她了，她會趕緊跑向走廊，但總跑不了多遠就會停了下來，全身癱瘓無法動彈。她從來不曉得過了多久的時間，只知道自己醒來時是站在走廊上，感覺很冷，也幾乎沒了呼吸，媽媽則是在一旁搖晃著她。這樣的情形在她和弟弟在院子裡玩耍時也會發生。她弟弟會跑進屋裡大喊：「媽，又來了，她又神智不清了。」

整個孩童時期，她一直有不祥的預感和恐懼，覺得「他們」或「那些人」（她後來開始這麼叫他們）又要來了。不過她對「他們」究竟是誰從來沒有概念。

我請她描述窗上的那張臉，她說那是一個有著非常大的深色眼睛的小灰人，但之後就會變成一隻往窗裡看的狗。當然，當她跟她媽媽說的時候，她媽媽並不相信，尤其是窗戶離地面很高，一般的狗不可能從那麼高的外面往窗裡看。

在全身無法動彈的事件過後，她曾試著跟母親解釋她去了別的地方。「我知道我出去了，在一個我們不知道要怎麼做到的狀態。你可以稱它是『靈魂出竅』。我能想出最接近的描述就是他們把我的本質／核心帶了出去，但留下身體。我也許是**身體**還在這裡，但本質卻在另一個層面還是什麼的地方。」她也常常在早上醒來時，知道自己並不是整晚都在床上。

童年時期她生過幾次有生命危險的重病。有一次醫生甚至跟她母親說她再也無法走路。然而，每次她都奇蹟似地康復，醫生也永遠解釋不出原因。

成長期間，她有過許多消失時間的插曲。她本身並沒有察覺有任何不尋常的事發生，都是聽別人說才知道時間「不見」了，因此她更覺得困惑。她媽媽曾說：「你是我知道的人當中，唯一一個去雜貨店三天才回來的。」她不得不編個故事，說她因為遇到朋友，所以去了朋友家。然而事實上，她不曉得自己去了哪裡。她只隱約記得自己從樹梢上下來，進了雜貨店，買了麵包，然後回家。那時她已是高中生，媽媽以為她出去參加狂歡派對，但她說她不怎麼喝酒，毒品更是碰都沒碰過。

這種情形一直出現在她的人生。當她要外出到某個地方，到的時候往往都遲了。她不知道時間究竟是怎麼了，又怕如果告訴別人，他們會把她關起來。她說：「我有種感覺，像是隱約知道**有事情**發生了。我回來時會**快速**移動……。我現在知道了，我的地球時間和**那個**時間必須要調整一致，回到同步。那會是行進**快速**的感覺，然後我會發現自己正在車子裡開著車。那是個很大的調整。」

她一直在一種必須躲起來，才不會被「他們」找到的感覺下長大。她擔心事情會開始發生在她家人身上，於是十八歲就搬離開家。她至今仍然不曉得**那**是什麼。「我面對的是不知道、未知的東西，而我沒有人可以說。我也害怕說出來，因為他們不會相信我。」

終於，自一九八七年左右，她與未知力量接觸的記憶開始滲入意識。這樣的記憶滲入通常是突如其來，而且在最不恰當的時刻出現。譬如有一次是在上班時間，當時她正在辦公室指導一位女職員關於電腦的超級複製功能。「我試著對她解釋，『這是你同時有兩個文件的地方。』我說：『事實上，這就像是同時身處兩地。』就在那一瞬間，我心裡閃過：『是的，同時。』腦袋也彷彿有部同時發生但卻是不同人生的影片。那個感覺太強烈了，強烈到我必須找理由離開，進洗手間冷靜。我坐在洗手間裡，然後所有關於瞬間移動／傳送，它是怎麼運作，以及如何同時身在兩地的知識不斷湧進腦袋。接著我在心裡看到**我的**身體正在分解，最後出現在加州還是哪個我從來沒去過的地方。發生這些的時候，我的頭有種奇異的感覺。我不會說那是『暈眩』。我其實不知道該怎麼形容，我只知道我在洗手間的時候被教導了一些複雜的事。而這種情形從一九八七年開始就持續發生。……某種教導。」

珍妮絲在同一年還有另一個奇怪的經歷，這兩件事都喚醒她許久以前的記憶，也讓一些事開始串聯起來。（譯注：以下對話仍是催眠前的談話）

珍：我當時準備要去參加一個大家會各自帶菜去的晚餐聚會。我站在浴室鏡子前，忽然感覺頭怪怪的。我覺得有點暈，心想應該要坐下來。浴室離我的床不遠，但是還沒走到，我就已經感覺自己往上升了出去。

朵：什麼意思？

珍：我的靈魂，我的本體出去了。我想那個體驗可以稱為靈魂出竅，它把我的內在吸了出去，就「嗖的出去了」。我還可以看到自己就站在下面。三個小時後我還是站在那裡，就跟小時候的情形一樣。

朵：你從另一個角度看到自己。

珍：沒錯。它讓我跟童年的經驗接軌。我因此想起過去，「我小的時候也發生過。」

朵：你被吸了出去，然後你可以看到自己。

珍：我出去了，但仍然看得到我在下面的身體。……還有別人在場，也許是我的守護天使。我甚至不必看就能感覺那是某個我熟悉的人。他問我：「你想去你的起源嗎？」

朵：你想去你的起源嗎？有意思。

珍：我一直在説，一直在講，一直在祈禱和傳送（這個念頭）……當你想做某件事，而那個意願到達了一個強度，你就會**做到**。而我已經這麼説了好久了，「我是説真的，該是我知道自己源頭的時候了。該是回到我的起源的時候了。該是解開四十多年來一直存在於我生活裡的一切的時候了。而且我是指，現在。」所以他説：「你準備好要去了嗎？」我説：「準備好了，我們走吧。」我仍然有某種身體，雖然我可以看到自己站在那裡。我的手能夠穿過我的手臂，可是我還是看到一個肉體的我。

朵：它看起來像你，可是不是……實心的。（**對**。）你的視線能看穿你的房子嗎？看透你所在的地方？

珍：可以，我的視線能穿透房子。我的視線可以往下穿透天花板，看到自己就站在那裡。我想：「這還真酷。」我沒有害怕。我從那時候就知道了，如果我害怕，這件事就永遠不會發生。

朵：是啊，你大概會立刻被放回去或什麼的。

珍：對。然後我們上升，往上穿越一些層次。就像千層蛋糕一樣，我們可以說是往上穿過一層又一層。其中有一層是嬰兒的靈魂。我們繼續往上到了一個——我不知道是什麼——像是某種靈的層次。我心想，嗯，這裡感覺不好。我往左邊看，那裡有惡魔和怪獸之類的。牠們朝我過來。我說：「停！以主耶穌基督之名！我不畏懼你們。」然後，嗖地一下，就有個像是保鮮膜的東西罩了下來，把牠們都吸了進去。我說：「看吧，我跟你們說了，我不怕。」當我們繼續往上時，我可以看到那邊是十九世紀。我再往別處看，那裡是一九四五年。我看向不同方向就會看到不同的時期，就像在轉電視頻道一樣。「喔，真妙。那個時期就在那裡！」

朵：你只是轉圈就能看到這全部？

珍：哦，不是圓圈。事實上有點像是條直線。

朵：線性的？可是你可以看到任何地方啊！

珍：我可以在這裡收看到發生的事。一切都在進行中。

朵：**仍然**在進行中？

珍：喔，是的。仍然在那裡，而且是**正**在發生。（笑）所以我對我這位同伴說：「哇，太好了！我想過去那裡。」他說：「你去過了。你經驗過了。這裡是**時間**。你可以在任何想去的時候去那裡。不過你之前是想要去你的起源，所以你必須別的時候再去那裡。」於是我們就只是經過。接著我就到了一個點，一個地方。我心想：「天呀，我是光，我是光。哇。」就像燈泡裡的光。

朵：你的意思是由光做成的？

珍：是啊，突然間我變成了純粹的光。

朵：你沒有類似身體形式的外觀嗎？你是光？

珍：是的，我真的是光。我事實上飛到了一個星球，成了顆星星。我說：「哇，我是顆星星。」我不再是珍妮絲了。我是那個星星。我以星星的角色四處看，我看到宇宙往外擴散。我說：「好極了！這就是我在宇宙的位置。」從那時候我就知道為什麼這事會發生了。星星或天空的特定部分是靈魂本質能量進入實體界的一個點。靈魂會通過一個特別的地帶。

這聽起來很熟悉。我想起了梅格在《生死之間》提到的瀕死經驗。在她的經歷裡，她也到了一顆星星，並且感受到宇宙的整體性。

朵：但你本質上是由光所構成的光體。

珍：是啊，在那個時候。我待在那裡直到體會到這件事，然後，就在領悟的那一瞬間，嗖！每一次我一領悟到什麼，我就又到了別的地方。而從那個點開始，接著就像是天使的層級了。我們穿越了很多顏色，我能夠感覺到每一個顏色，而我也可以是每一個顏色。當我們穿越顏色時，我看了看說：「哇，我現在只是分子。我只是氣體。」我知道我就是這個區域。我有個存在。我有個形式。

朵：你仍然有人格。

珍：我什麼都有。我仍然是我曾經是的每一樣事物，除了身體。但如果我想要有個身體，我只要用想的，就能夠看到自己。我可以看到珍妮絲——我。

朵：所以你知道你並沒有失去聯繫（指跟珍妮絲的身體）。

珍：如果我想要的話，我還是我……如果我想要想……我也可以這麼想：「我想看看那個能量……」只要你一想，你就會立刻看到。他們在跟我說：「好，這就是你的起源。」我說：「哦，哇，這真是太美妙了。」他們接著說：「你已經經歷過這個層級了。」我說：「是啊。」就像我曾經在那裡，在那個層級交換過能量，而每當我一想到：「可是這不是我的源頭。」我就又會離開那裡，繼續前進。我一路到達沒有時間的點，到達創造的點，經過創造的那個點，到達萬有知識和古代智者的層級。我經過了神、女神的層級，直接到了一個很大的粉晶的核心……那是我所知道的最無條件的愛了。我在我的起源好快樂，就像重新恢復了生氣。我心想：「嗯……也許我已經死了。」（咯咯笑）我在那裡晃來晃去，純粹沐浴在上帝那股溫暖和美妙的心靈裡。噢，好美。我現在想到的時候，都還可以感覺全身都在震顫。然後我聽到：「該回去了，我的孩子。」……我不想走，而且因為不想回來所以哭了。我說：「我不要一個人。我在下面那裡一直很孤單。而且那些人會來，我不想。」話一說完，咻，我已經在一艘太空船裡了。嗯……這對我剛剛才有過的經歷來說，有一點太超過了。我的意思是，我現在嚇壞了。首先，當我在那個像是金屬房間裡的時候，我並不知道我有沒有身體。我意識到房間是圓的，那是一艘太空船，這些存在體就在裡面。我向他們抗議：「好，夠了。我受夠了。」然後他們開始告訴我，他們從我童年時就和我在一起。「我們在這裡是要保護你。我們在這裡是要幫助你。你也在幫助我們。這是你進入你的肉體生命之前同意要做的事。」我大叫：「我才沒有。」我這是在鬧，對吧？因為我對這些外星生命一無所知（笑）。於是他們拿出一張紙。我看了看說：「那是我的名字。是我的簽名。我真的同意過，是嗎？」

朵：他們有跟你說你同意了什麼嗎？

珍：他們說我的生命目的就是當個協助者。有許多次，能量在不同情況下透過我轉化了這個、那個或別的，然後幫助了人。大多時候人們並不曉得自己是怎麼被幫助的，我也不知道。但他們說我以後會知道。我是來學習的。還有，我永遠也不孤單。

朵：那艘太空船是什麼樣子？

珍：金屬的，銀色，像診所，非常乾淨。我的意思是，它一塵不染到好不真實……讓人想到診所。那裡有些器具。有個圓形的房間。裡面有刻度盤，有個正方形……我不知道那些是什麼。有像螢幕的東西。房間裡有張桌子。我沒有往後看，但那裡有個門口可以通到另一個房間。而這個房間看起來——你知道靠窗的椅子是什麼樣子？有一圈弧形的椅子，大家可以在椅子上躺下來，或就是在房間裡休息。所以我們在房間裡討論，這裡有很多人，很多能量。大家全圍著我，我不清楚自己究竟是在哪裡。總之，我記得自己試著想看到每樣東西。他們跟我說話，跟我說我的協議，我同意做哪些事，還有說我不一定要做。

朵：你的意思是你可以脫身？

珍：當然。他們說我如果真的不想繼續就不必做。

朵：能知道這點很好。我想這又是自由意志了。

珍：是啊，我們確實有自由意志。然後他們給我看一部生命的影片。

朵：是在其中一個螢幕上播放嗎？

珍：不是在螢幕上放。他們像是把想法傳遞給我。我只知道是精神感應。並沒有真的在說話。我看到地球，看到到處都是人，而且湧成兩排隊伍。你選擇到其中一排，看是選擇到較高的意識還是別的。不是每個人都進到這個隊伍。你可以看到另一排的人，而當你進入這排的時候，你是在白色的光體裡。這跟人們振動率的提升有關，跟人們意識層級的提升有直接關聯。在某個時候，我不知道是什麼時候，地球將會像《啓示錄》所說的，在火燄中上升。這樣的可能性是存在的。而如果發生了，到時他們就會把在這一排的人帶走。

朵：幽浮裡的人會把他們帶走？

珍：幽浮裡的人。這一排的人會被帶走（指白色光體這排）。我看到地球爆炸。我看到它變成一個火球，就這樣消失在天際。它留下了一個大洞，好像天空突然間都黑了下來。你知道的，如果你看著地球，它是藍綠色的，然後突然間它變成了橘紅色。那就是世界末日。當地球從那個洞消失，我看到一個新地球滾進洞裡。真的有個新地球。……我到現在還不知道他們給我看的是不是只是象徵。我只知道他們讓我看到和我有關的事，他們的目的有大半跟我不相信我會經歷這些有關。我不會待在這裡（指地球）。他們在試著幫忙，我問：「但這個人和那個人呢？」他們說：「並不是每個人都會選這一排隊伍。你不是選擇這排就是另一排。」突然間我回到了我的公寓，發現時間已經過了三個小時。我向他們抗議：「外星人！我不要做外星人。我對那些什麼都不知道。」我回到了臥房，回到自己身體裡。我是透過我頭部的這裡回來的。

朵：你的前額。

珍：坦白說，回到身體之後，我只想上床睡覺。我心想，好吧，我要去睡覺了，但我的身體卻沒有朝著床走過去。身體沒有動。它站在那裡：「噢，我們好沮喪。我們沒辦法到床那邊。我們要怎樣才能回到床上？」……那個字是「走路」。走路嗎？走路？我當時不清楚「走路」這兩個字是什麼意思。當你在上面，是靈魂形式時，你想去哪裡只要用想的就到了。但現在我有困難讓身體跟我配合。我也不太知道什麼東西是什麼。像是：車子、開車。我就像個嬰兒，必須學習，需要重新整合。我發現自己真的在重新整合，因為我體驗到好多能量，就像是帶著一百二十瓦的電要回到六十瓦的燈泡。所以我的身體還沒有適應，還不能在這裡運作。我直到一個禮拜之後才恢復正常。

朵：一個禮拜？這可能可以解釋為什麼人們對很多發生在自己身上的事沒什麼印象。他們的潛意識記得，意識卻忘了。

珍：是的，我有些時候被准許有記憶，有些時候沒有記憶。起初我會很不自在，但現在已經接受事實，不會有那種「可怕的事要發生了」的問題。隔天的日出正好是和諧匯聚（譯注：**the Harmonic Convergence**，一九八七年八月十六至十七日為太陽系行星出現特殊對齊的日子，也是全球第一次集體冥想日。）我本來要和一些人一起去看日出，後來只帶著我的小狗去了湖邊。當太陽升起，日光照射到草地上的露珠，那個光，和我一度身為的光是一樣的。他們在讓我知道這當中的關聯，那就是，我一直是連結著的。我哭了，因為我想要回去。我有種非常寂寞的感受，就好像親人要離開，要走了一樣。我很難過他們必須離開，我想要他們留下來幫忙。於是我抬起頭看著湖面上的天空，我說：「如果我真的跟那艘太空船有關係，給我一個徵兆，一個具體的徵兆，讓我看到。因為我無法相信會有這種事發生。」所以就在我離開那個地方的時候，我說了我要一個具體的徵兆，否則我不要再和這些事有任何一點關聯。這一切太可笑，太詭異了，我不玩了。到此為止！我朝我的車走去，邊走邊笑出聲來，心想他們才不會給我看到什麼呢。然後我一眼就看到地面上有個東西在發亮。我想那大概是塊玻璃。我才不要過去拿哩。我就這樣經過它繼續往前走，但身體卻在自己往後退。我本來是朝車子走過去的，但那個情況卻像是「停！後退！」然後我回去把它撿了起來。你不會相信在那麼大的一個地方，我在地上找到了什麼。

珍妮絲從她的皮包翻出一只小零錢包，再從零錢包裡拿出一個放鍊墜的小盒子。打開盒子後，裡面有個小東西。她把它放在掌心。那是個金屬的小星星。

她解釋：「我不想弄丟它，所以放在這個鍊墜盒子裡。我撿到它的時候是粉紅色的，現在卻快變成銀色了。」

我小心翼翼地拿起來，想看看它是什麼做的。「感覺不像金屬，像是很硬的塑膠。好小……噢，還不到半英寸（譯注：不到一・二七公分）。」

珍：我撿起來的時候就知道哪邊是上面。上面有個特別的角度。而且我也只能這樣放才能把它收進小盒子裡。

我們邊把玩那個星星邊談笑。當她要把星星放回小盒子時，我突然有個衝動，把它又看了個仔細。這時我才注意到它和我的戒指很像。我有一只很少見的松青石銀戒，是在很特別的情況下得到的。那是一九八〇年代早期，我還沒有涉入這類調查時候的事。有個女子把戒指交給我的女兒，說是要送給我。她說她知道我的服務不收費，而她想用這個戒指感謝我所做的工作。她知道如果直接送我，我一定會拒收，但如果拿給我的女兒，我就沒法歸還。她說的沒錯，我認為那只戒指太珍貴了，不應該收下，可是我因為無從歸還就留了下來，並把它戴在唯一戴得上的手指，也就是我的食指。我通常不戴珠寶，但從此卻沒拿下過這只戒指，這也是挺奇怪的。

許多人很喜歡這個戒指，問我願不願意賣，或是至少告訴他們哪裡可以找到類似的。不過我從沒看過或聽說過同樣設計的戒指，我想它可能是獨一無二的吧！它的邊緣有七顆銀球，其中五個在底部，兩個在上面，上下之間有個銀條分隔，戒指的中央就是五角形的松青石星星。很多人認為這個設計可能是某種象徵。戒指出自哪位銀匠的唯一線索是在內圈有個U字，一個馬蹄鐵的標誌。

珍妮絲把她的小星星放在我的星星上頭，結果兩個的大小完全吻合，就像複製的一樣。現在我真的印象深刻了。這是巧合嗎？我把回家後就待在另一個房間的派西叫來。我們全都哈哈大笑，但發生這麼不自然的事其實感覺很怪。派西也認為這兩個星星完全是一個模子出來的很不尋常。它們完全一**樣**。當然，珍妮絲的星星是銀色的，我的石頭是松青石。

「你看，」珍妮絲說：「我必須把尖尖的部分朝上放在小盒子裡，你也是同樣尖端朝外戴這個戒指。」

當時我們還不清楚那兩個星星完全一樣是個預兆，預告著我們將會一起進行重要的工作。珍妮絲和我遇到一塊兒是純粹巧合嗎？還是這件事的背後有個較高的動機或力量？

我們和我可靠的錄音機坐在派西的餐桌前，花了兩個小時以上討論珍妮絲的經歷和回憶。現在是時候來做回溯催眠了。唯一的問題是要決定先探索哪個事件。

我們到了樓上客房，她在我準備錄音機的時候，告訴我另一件最近才發生的事。事情是在一九八七年七月的前一個月發生的，因此她仍記憶猶新。

那天早上她一醒來就咳嗽，一坐起來就吐出了大血塊。她嚇到了，但起身離床時並沒有看到床上有血，她的下半身和身子底下的床鋪反倒像是有水。她沒有尿床，也沒有聞到什麼味道。這個情況看起來像是有人在她身上和床上倒了水。她唯一的不舒服是私處有燒灼感。她到浴室漱口，血停了，就跟之前來得突然一樣。她的小狗則表現出每次她下班回家時那種特別興奮的模樣。由於出血令她擔心，她當天就去看了醫生，但並沒有找到可以解釋血塊的原因。

由於這事才發生不久，我決定把催眠的重點放在這上面。如果這件事不重要，我們也有許多其他可以探索的材料。珍妮絲一進入出神，便是在很深的狀態。我開始倒數，引導她回到她在那種不安狀態醒來的前一個晚上，看看是什麼造成了這個情況。我也下了指令，如果她想，她可以從客觀報告者的角度去觀察，以排除任何身體上的不適感。

朵：我將要數到三，數到三時，我們會回到那晚你準備上床睡覺的時候。你會告訴我發生了什麼事。一、二、三，我們已經回到了那個晚上。你在做什麼？你看到了什麼？

珍：我在看我的狗。牠東張西望的樣子好怪，真的好怪。我知道牠在看我看不到的東西，不過我知道它就在那兒，因為我**感覺**到了。

朵：你感覺到什麼？

珍：是他們。是他們。我想要牠……（深嘆了口氣）跟我一起去，我知道他們來了。
朵：牠以前也去過嗎？
珍：對，牠去過。
朵：喔？我好奇牠喜不喜歡？
珍：（開始露出憂慮的神情）我不知道。
朵：好，告訴我現在怎麼回事。
珍：我的能量一直很低。工作上的壓力很大。他們跟我說，他們需要做一些工作。（憂慮）我不知道我們要去哪裡。——我的頭在痛。

我立刻下指令消除身體上的任何不適。幾秒過後，她的臉部神情顯示她的壓力已經沒有那麼大，頭痛顯然舒緩不少。

朵：他們在哪裡？
珍：他們從我的窗户進來。
朵：什麼？爬進來的嗎？
珍：就直接穿牆。（這似乎令她困擾）直接穿過牆壁。
朵：他們長什麼樣子？

珍：沒有我高，但差不多。我知道他們，可是每次發生都還是有點可怕。（深吸一口氣）

朵：噢，是的，我能夠瞭解。這是人性。可是你在跟我說的時候你不會感到害怕。明白嗎？（她的呼吸和身體的反應顯示著不安）你跟我說的時候不用害怕，因為我跟你在一起。我會陪在你身邊。他們有幾個人？

珍：（聲音顫抖，快哭了。）兩個。

朵：你想跟我說說他們長什麼樣子嗎？

珍：（聲音仍在顫抖）他們沒有頭髮，很大的棕色眼睛，有皮膚，可是跟我們的不一樣。不一樣。你會以為他們有穿衣服，但你不知道他們究竟有沒有穿。

朵：他們的皮膚是怎麼個不一樣？

珍：感覺不像皮膚。感覺很乾，像紙，不過比較像皺紋紙。（聲音仍然快要失控）

朵：我瞭解你的意思。（她開始哭了起來。是害怕的哭。）沒事的，我就在你旁邊。怎麼了？

珍：（因為啜泣的關係，起初說的話並不清楚。）他們要我跟他們走，但我……我說我要在這裡再待一會兒。我想保住我的寶寶。（啜泣）

我很驚訝。稍早在面談時，她跟我說過她無法受孕。

朵：什麼意思？

珍：是他們來帶我走的時候了，可是我想留下來，想多留寶寶一會兒。

朵：你懷孕了？

珍：我想是的。但我不認為他們是這麼說的（指懷孕乙詞）。我不知道他們怎麼說。他們只說時間到了，該走了。

朵：你是怎麼離開房間的？

珍：就跟他們一樣穿牆而過。

朵：你感覺到自己在穿牆？

珍：是的，我感覺自己穿過牆壁。他們可以處理，讓你能夠穿牆。我真的穿過牆壁了。從房間穿牆出去。

朵：你的身體就這樣穿過牆壁？

我想確定這不是靈魂出竅。第一次聽到約翰（上集的個案）這麼說時，我驚訝地發現身體能夠被帶著穿越實心的物體，像是牆壁或屋頂。從那之後，每次聽到有人說這種事，我都會試著判定那是身體還是靈魂的經驗。個案對發生過的事總是很肯定，從不會含糊其辭或不確定。

珍：（她的聲音穩定些了）這和分子的移位／置換有關。他們讓我看到是怎麼發生的。開始的時候感覺很怪。

朵：是怎樣的感覺？

珍：身體會有點麻麻的，然後你會感覺身體融化了。像是融化到空氣裡。身體變成空氣，但你不是空氣……就好像你是空氣，可是你在空氣的形式裡又有個形體……它使你跟空氣的層面更一致。當速度加快到一個程度之後，你的身體跟你要穿越的物質會有不同的振動速度。於是你就穿越了那個物質。

朵：聽起來是很不可思議的事。

珍：很怪。

朵：那麼你和他們一起穿越牆壁後，發生了什麼事？

珍：我們在黑暗中移動。我不確定我是怎麼移動的。

朵：他們仍然和你在一起嗎？

珍：對。他們在我的兩邊，我帶著我的狗。

其他個案也報告過這種情形。他們說身體一旦被帶著穿越牆壁或天花板，兩邊就會各有一個外星人伴隨他們往上升到太空船。或許這是運送他們的機制；外星生物必須在人類旁邊，協助他們在空中移動，再進到太空船裡。

朵：所以狗也跟著穿牆了。我很好奇牠對這有什麼感覺。

珍：牠不怕。

朵：你看得到你們要去哪裡嗎？

珍：（呼吸再次沉重）我現在在太空船裡。我在工作檯上面。

朵：你怎麼進到船裡的？

珍：我不知道。一片空白。我只知道我在裡面了。

這是另一個反覆出現的情形。個案在進入在太空船時，通常會有段空白記憶。也許他們離開房子的方式跟穿越太空船外殼進到船裡是一樣的。如果是這樣，這顯然會造成記憶的喪失。因為當太空船是在地面時，個案通常會記得自己走進去或是被帶著上樓梯或斜坡道。

朵：接著發生了什麼事？

珍：他們要……我躺下來了。我們要再做一次。

朵：再做一次什麼？

珍：就像去看婦科醫師。我不知道他們是怎麼做的，因為我從來不是清醒的。（越來越難過）我想要知道。我求他們讓我知道他們是怎麼做的。

我在早期的調查就發現，即使身體睡著了，還是有可能找到答案。你可以直接問潛意識，因為它從來不睡（即使是在手術的時候），它會提供客觀又詳盡的答案。

朵：我認為你也許可以透過我們現在的這個方式發現。你想知道嗎？

珍：（抽噎）我想是吧。

朵：你想要在你的身體睡在那裡的時候，以觀察者的身分去看嗎？你認為有可能這麼做嗎？

珍：我不知道。我覺得自己現在就在那裡。我現在就在那裡。就在那裡（不斷吸鼻子）。

朵：問問他們其中一位，看你能不能以觀察者的身分觀看。看看他們怎麼說。（不行。）他們說不行？我們可以問問題嗎？（可以。）

就在這時候，她的聲音突然變了。她回答「可以」的聲音聽起來權威許多，不像之前那麼害怕。

朵：好。但是你的身體睡著了？是這樣在進行的嗎？

珍：身體並不是在睡著的狀態。

這絕對不是珍妮絲的聲音，這個聲音很單調、機械化，幾乎像是機器人。一個一個音節發得清清楚楚，跟我們說話時會急促或含糊完全不同。它有時聽起來甚至很空洞，近似回音，但也絕不是錄音機或麥克風產生的效果。我從她口中聽到的聲音就是這樣，我不知道她怎麼能自然地發出這樣的聲音，跟珍妮絲完全不同。這個有著獨特音調和風格的聲音一直持續到這次催眠結束，在我要求那個存在體離開之前始終沒變。

我並沒有被這個聲音的轉變嚇到，因為這種情形以前也發生過。我好好地利用了這個機會發問。

朵：如果身體不是在睡眠的狀態，那是在什麼樣的狀態？

珍：是在你們不熟悉的意識層次。

朵：為什麼她必須在那個意識狀態？

珍：這樣她才不會痛苦。

朵：我認為這樣很好。我們不想她體驗到任何痛苦。但是，究竟是發生了什麼可能引發痛苦的事？

珍：人類的出生是痛苦的。

朵：沒錯。她是在生產嗎？

珍：是在生產。

朵：你可以告訴我經過嗎？

珍：跟你們在地球上的生產是一樣的。

朵：但在地球是自然發生的。

珍：事情是自然發生的。

朵：在地球，開始的時候會有陣痛。

珍：所以才有意識的轉換。母親感覺不到任何痛苦。

朵：但我猜胎兒應該不大。這個猜測正確嗎？

珍：正確。

朵：那麼應該很容易就生得下來。

珍：還是會有痛苦。這個人類在地球上從未生過孩子，產道因此不太一樣。

朵：有發生什麼事引發這個過程嗎？類似產痛，痙攣？

珍：我不瞭解你的問題。

朵：有用工具或是機器讓身體進入分娩程序嗎？

珍：在我們來說，就是時間到了。你們觀念裡的九個月懷孕期……終止……結束，被改變了。孕期較短，因為胎兒在母親懷胎期間的成長……胎兒各種狀態和器官發展得比你們地球時間的九個月還要高階。

朵：所以胎兒的大小並不是九個月大，不是(地球)足月的胎兒？

珍：沒錯。

朵：但依你們的標準，它已經發育完成？

珍：對。你們還不瞭解我們的標準。依照我們的標準，胎兒已經是九個月大，雖然身體的大小並不是九個月的嬰兒。

朵：它有所有足月嬰兒的特徵嗎？

珍：有，它的系統也是。

朵：在我們的想法裡，一個小胎兒只會有很初步的發育，它是無法存活的。

珍：如果在你們的存在層面上進行（指懷孕），必要的發育會需要四個月的時間。我們在母親懷胎時照顧過程，這個特別的照護使得人體系統能以不同於人類一般孕程的速度發展。

朵：胎兒出生時有多大？

珍：跟你們的出生相比的話，身體大小是四個月的嬰兒。

朵：以我的瞭解，那樣的大小大概是巴掌大。

珍：比那再大一點。

朵：她的身體懷有這個胎兒四個月了？（是的。）她知道嗎？

珍：這次不像以前那麼知道。她有些時候是知道的，不過不是持續的意識。她感覺到自己懷孕。她有你們地球人有的那些懷孕現象。腹部脹大。她因此知道怎麼回事。

朵：她的月經停止了？

珍：她已經沒有月經了。

朵：並不需要？（對。）你們需要的只是子宮？

珍：甚至子宮都不是必要的。這跟人體的能量有關，不是人體荷爾蒙的分泌。

朵：我在很努力的瞭解。以人類來說，一定要有子宮內膜和荷爾蒙，胎盤才能附著並滋養胎兒的成長。

珍：這個胎兒體驗生命的方式跟你們人類寶寶在母親肚子裡很不一樣。隨著母親進行她的日常活動，母親體驗到什麼，這個胎兒就體驗到什麼，所以它很充分地體驗到你們星球的生活。

朵：那麼這個方法可以用在任何年紀的女性。

珍：沒錯。但必須是特定類型的女性。參與這個計畫的人要有特定的條件。

朵：你能告訴我是哪些條件嗎？

珍：（好像在背誦一樣的一條一條說出來）條件是：飲食。條件是：維持存在於特定的層次。條件是：純淨。還有一些我們可以稍後再討論。

朵：大多數的女性似乎都符合條件。

珍：不是**大多數**的女性。

朵：是哪方面不符合？

珍：因為大多數女性所參與的特定活動。因為大多數女性的專注程度。因為到時要和那個女性的腦部互動。選擇的對象是以那個生命的進化，也就是母親的進化程度為標準。這是個複雜的程序。

朵：我想你看得出我有很多問題。我很好奇。你剛剛說的是性的活動嗎？

珍：那是影響的因素之一。

朵：那確實會影響荷爾蒙、情緒和其他種種。

珍：比起母親的荷爾蒙，這跟母親的本質更有關聯。以你們地球語言的詞彙來說，你可能會說這是靈性的層次。

朵：那麼不是每個女人都適合。

珍：沒錯。

朵：這以前也在她身上發生過嗎？

珍：沒錯。

朵：我在工作中曾被告知，繁殖也有透過複製的方式進行？

珍：那是複製人的計畫。跟這個計畫是不同的。有的女性兩個計畫都參與，有些只參與一個。

朵：如果你們能用這種方式生產，為什麼還需要複製人的程序？

珍：因為會有個體基因遺傳上的差異，那是另一種計畫所沒有的。

朵：你能解釋嗎？我對無性生殖／複製人有些瞭解（cloning，譯注：指從母細胞複製出完全相同的細胞，是一種無性的複製，有著相同的基因），那表示是完全一樣的複製品。

珍：無性生殖產生的是一個精確，完全一樣的複本。另一種方式除了具有母親的本質，過程中也接受外來的刺激。兩種方式製造出的個體是不同且獨特的形態。

朵：所以複製人是一模一樣的複製品，另一種則在基因／遺傳的組成是不同的類型。是這樣的嗎？

珍：沒錯。因為另一種也包括了母親在懷胎時期所接收到的所有超感官的刺激。

朵：你是指是無性生殖／複製的還是自然生產的？

珍：自然的。

朵：這是不是表示複製人會比較冰冷，沒有感情？

珍：除非母親的情感狀態／組成也是這樣，否則不會。你不瞭解的是複製人具有母親的一切並且跟母親一模一樣。自然生產的孩子則除了有母親的所有遺傳，還加上母親懷胎時所經歷和感受到的一切。

朵：所以是有差別的。

珍：明確的差別。我們在試著向你解釋，胎兒在母親子宮時，也跟著母親一起經歷她的生活。

朵：體驗到她所感受的一切。

珍：就是這樣。

朵：而複製人不會。好，我可以請問你這個胎兒是怎麼產生的嗎？父親也是人類嗎？還是別的生命體？

珍：現在還不討論這個。你們會有知道這些資訊的時候。但首先我們必須要能信任你。

朵：這我完全可以接受。我只是會問很多問題，只要你們不反對。

珍：我們想看看你會怎麼處理這些資料，還有它們是怎麼被使用的。

朵：你們要我怎麼做，我就怎麼做。

珍：你必須要等資訊完整後才傳播出去。

朵：我很願意這麼做。我也不想只有半個故事或半個真相。

珍：我們必須提醒你要保護個體。

朵：當我們在這個狀態工作時，我已經在她周圍設了保護。你的保護是這個意思嗎？

珍：不是。我們的意思是，你怎麼處理資料會對這個人的人生造成直接的影響。

朵：確實如此。大多數和我合作的個案都不想被人知道。他們想保持匿名。這很重要，因為他們不希望生活被打擾，而我也很努力去尊重這點。

珍：這是為什麼我們現在在和你說話。因為你非常有責任感。

朵：如果事情是在我的權力之內可決定，那麼沒有人會知道她的身分。然而總有些事情是在我的控制之外。在我能控制的部分，她的名字永遠不會曝光。你是指這個嗎？

珍：在這時候，事情必須維持如此。我們還必須做別的工作。她是非常高度進化的個案，比大多數個案瞭解得更多。因此我們心裡對她有更大的計畫，我們不希望這個計畫被好奇心干擾。

朵：是的，有很多人很好奇。看起來這是我將會遇到的問題。

珍：如果我們也能被允許保護你的話就不會了。

朵：能這樣最好。因為我覺得我將會旅行到一些負面的地方。

珍：沒錯。

朵：還有持懷疑態度的地方。

珍：沒錯。

朵：我會很歡迎你們能給我的任何保護。

珍：你將會透過你的戒指知道我們一直都和你在一起。

這裡說的便是稍早提到的，我那只奇怪獲得且一直戴在身上的松青石星戒。

朵：我對那個戒指很好奇。你能跟我說說它的事嗎？

珍：你們地球人向來認為幽浮來自星星。這個星星就象徵著你的連結。你在思想上總是與我們同在，因為你投入的這項工作是在協助消除我們這種存在體又壞又邪惡的觀念。

朵：是的，因為我獲得的資訊是正面的。

珍：是正面的。然而，我也必須提醒你，就在你現在說話的地球時間裡，確實也存在著來自另一面的力量（指負面）。

朵：但我向來相信人都是吸引到自己想要，自己所期待的東西。

珍：沒錯。

朵：我從沒有預期或期望去發現負面的東西。

珍：可是你必須知道並意識到它確實存在。你也必須知道和意識到你的工作可能會接觸到那一方的生命體。這是每個個體必須要做的選擇，選擇在哪一方工作。這是需要做出的明確選擇。

朵：我聽說過負面的事。我不想跟那邊有關。

珍：如果你已經做了選擇，那就不用害怕，因為你不會跟那一邊有關。你不會受到它的影響。它可能會來找你，但你會被保護，所以它無法與你合作。

朵：這樣很好，我很感謝。因為我只想要資料。

珍：那也正是我們想分享的。

朵：好。我可以知道我在和誰或是跟什麼說話嗎？

珍：我不懂你的問題。

朵：哦，我不認為我現在是在跟珍妮絲的潛意識說話，對吧？

珍：對，不是的。

朵：我在和誰說話？不一定要有個名字。我只是對你們是什麼很好奇。

珍：《交流》這本書的封面有一張臉，那就是我的樣子。這是為什麼這個存在體，珍妮絲，會受到那個封面的影響。她太熟悉我們了。她知道從地球的觀點來看，我們有時可能造成痛苦，也知道有些地球人認為我們是不友善和冷漠的。她一直被允許知道這背後的故事；她知道這只是不同生命體的角度。她已經能夠變換立場去瞭解我們所做的事，如果我們可能造成她的痛苦，她也能瞭解背後的意義。她知道這都是伴隨著她已經接受和同意的事所產生的感受。她知道的，而且我們也常提醒她，她隨時都能拒絕。她也聽我們說過，任何時候只要她覺得太不舒服而無法繼續，她的拒絕參與都不會有任何後果。她知道這點，也被告知我們隨時都會以她需要的方式協助她。

朵：這樣很好。你知道的，人類對你們的意見之一就是你們很冷淡，沒有感情，你們造成痛苦，而且不在乎人類。

珍：從你們的標準來看是正確的。人類的問題在於他們無法從**我們**這邊，無法透過我們的觀點去看。你現在在談話的對象，像珍妮絲這樣的個體，事實上能成為我們並知道我們的目的、心靈和存在(的性質)，因此能瞭解我們不是為了製造痛苦而讓你們痛苦。我們因為對痛苦的感受跟你們不一樣，不是像你們那樣感受痛苦，有時候真的很難瞭解我們造成了痛苦。

朵：我瞭解了。這是因為你們的神經系統不一樣嗎？

珍：沒錯。

朵：那麼你們身體發展的方式跟人類並不一樣？(是的。)你們有情緒嗎？

珍：我們能模擬情緒，但不是像你們那樣與生俱來有情緒。

朵：你們是不是比較像——我不想說「機器」——像是製造出來的人，而不是遺傳生殖的。

珍：抱歉，這個問題不清楚。

朵：我在想要怎麼說才好。我習慣人有情緒，除非他們像機器，是被製造出來，而不是以遺傳或基因的方式繁衍出來。

珍：我們有感覺，不過這不是同一回事。

朵：你可以解釋，幫助我瞭解嗎？

珍：如果你碰我，我可以感覺到。它不會傳送到……它不表示我會有同樣的感受。我心裡知道你碰到了我。我感受到那個碰觸，但和人類所感受的碰觸並不相同。相對於身體的碰觸，這是個過程，是心靈感應的碰觸。我們是在精神感應的層面上運作。相對於你們瞭解的較為身體層次的情感碰觸，我們的演化已經到了我們的感受是來自精神感應那樣的領會了。

朵：我想的是人們撫摸彼此的方式，尤其是撫摸小孩的時候。

珍：我們在學習。我們希望能整合並理解這兩種不同的情感。在過程中將會有精神感應式的感受和領會，以及感官式的感受和知曉被整合在一起的進化。

朵：瞭解。那麼你們也感受不到像是愛或恨的情緒？

珍：我們雖然可以感受得到，但是不瞭解它們。這在我們是不一樣的。

朵：那麼你們能感受憤怒嗎？

珍：我們能夠感受到任何你們感受到的情緒，我們在心智感受到，但那不會影響我們的身體。

朵：所以你們不是完全冷漠的。

珍：沒錯。我們經驗到那樣的情緒，只是它不會對我們的身體造成影響，不像人類那樣。壓力是人類生活的一部分，它會損壞身體，影響到心靈和你們身體的分子結構。

朵：你是在試著……

珍：我在試著告訴你，我們就算有壓力，它也不會那樣影響我們的身體。不過，我們的心裡確實會經驗到壓力。我們來這裡不是要造成傷害。我們來這裡不是要占領你們的星球。你們不能瞭解這點真是太糟了。

朵：這我相信。

珍：是的，你是相信。我說的是整體人類。

朵：你之前說的缺乏感受是因為你們種族發展的方式不一樣嗎？

珍：不一樣純粹是跟我們來自和發展的地方有關，並不是因為我們沒有感受，不是因為我們不知道感受。它只是對我們的存在並非必要。

朵：我以為也許我們都是從同樣的方式開始，只是你們的演化走上了另一條路。

珍：我們一開始就是現在這樣，所以才會那麼難瞭解地球的情緒，還有你們的某些存在／生活方式。

我暫停下來替錄音帶換面。

朵：你大概很清楚我在使用一台機器。

珍：我們瞭解機器。

朵：這個機器會記錄聲音，幫助我以後能再聽到那些話。

珍：我們把聲音存在心裡。

朵：我們沒有那樣的能力，所以我有一個可以錄下這些話的小機器。等時候到了，我可以重新播放，再聽再瞭解。

珍：你也可以把它們存在心裡。

朵：但資訊這麼多的時候很難。

珍：這是自己……（她找不到正確的字）這和儲存資訊、分類、歸檔有關。

朵：哦，這我倒是很擅長。

珍：這是成像和影像追蹤（image tracing）的問題。很像我們的飛行。我們可以想像你們的星球或是某個地方，然後我們不用實際身體飛到那裡就能抵達。

朵：你們現在是在我們的大氣層嗎？

珍：我們是在你們的大氣層。

朵：但你剛剛是在說你們來的那個地方？在那裡你們只需要想像你們要去的地點？

珍：沒錯。

朵：你們的太空船不需要任何形態的動力來源或什麼的嗎？

珍：我們不需要任何動力來源。思想就是我們的動力來源。

朵：這樣就能夠操作整個船？

珍：可以操作很多船。

朵：這是需要集體的思想，還是只是像你一樣的單一個體的思想？

珍：可以是一個人，也可以是集體。

朵：我們今天的科學家認為你們一定有某類動力：機械、電子或類似的動能？

珍：有的太空船可以使用許多不同的能源。你們就是迷失在這個地方。人類以為所有的太空船都必須使用同一種能源。不是嗎？

朵：或至少是我們可以理解的能源，可燃的或其他形態。

珍：你瞭解光能嗎？

朵：我只知道可用它來發電。

珍：好，我們旅行時會經過一個剛超越光的點。那是光的頻率。肉眼看不到。

朵：我想到雷射。

珍：接近了。

朵：接近了？（笑）就我所知，雷射是比較快的頻率。我相信是這樣的。是嗎？

珍：是的。這個頻率比你們的光更快。

朵：我現在想到微波。

珍：那是完全不同的。

朵：好吧。所以你們能夠透過思想在這個頻率以實體的太空船旅行。（是的。）你們有能力透過思想非物質化／消失，然後在另一個地方重新物質化，以形體出現？

珍：沒錯。

朵：好。因為我們想到的是以光速旅行。

珍：這比光速更快。

朵：這跟她穿牆的方式類似嗎？

珍：類似，但旅行時還會用到一個不一樣的程序。當你說到穿透物質，你說的過程跟我們從我們的宇宙旅行到你們的大氣層並不是相同的。

朵：只因為沒有穿透物質嗎？所以是不同的程序。

珍：沒錯。

朵：可是仍然是在一個地方非物質化，然後在另一個地方又重新物質化，不是嗎？我很努力想要瞭解。

珍：我現在還不能對你解釋。不過我可以告訴你，旅行有兩個不同的過程。這個存在體一旦穿越牆壁開始旅行，她就是以介於外面牆壁和太空船之間的第二個程序旅行。這是為什麼人類在重返你們的時間框架和振動頻率的時候，會有重新適應的困難。原因就在於振動頻率會在這類旅行的時候改變。振頻需要一段時間才能慢下來，要看是用什麼方式重新進入。

朵：在快速旅行之後必須要再慢下來。

珍：沒錯。有時候這會造成適應上的問題。會產生某種困惑或混亂。我們只要一察覺有這種情形，就會盡快減輕這個問題。

朵：我可以問你，你們的人有分性別嗎？(有。)你們有男性和女性？(對。)你們繁殖的方式和人類一樣嗎？

珍：我們有選擇。

朵：你可以說明嗎？

珍：我們可以用那種方式繁殖，也可以用其他幾種不同的方式。

朵：其他的方式是什麼？

珍：我已經跟你解釋過其中兩種。

朵：複製，還有用在珍妮絲身上的方式？（是的。）我想知道這個寶寶接下來會怎樣。我的意思是，你們為什麼要有一個跟人類的混種？

珍：因為這樣他就會有人類所有的身體特徵，又會有我們種族的心靈能力，兩者整合在一起。

朵：可是你們自己不是已經有很出色的身體功能嗎？

珍：我們認為你們很美。我們是有身體方面的能力，但跟你們的身體能力不一樣。

朵：我以為你們會很滿意自己的身體能力，滿意你們與生俱來的身體，不會想……

珍：這不是不滿意的問題。這是差異，是你們人類要學的一個重要課題。

朵：你的意思是？

珍：**差異**相對於**不滿意**。這不是比什麼**好**或比什麼**糟**的問題。只是不一樣，只是有區別。

朵：這正是我想瞭解的地方。為什麼你們會想要改變你們種族的外觀？

珍：這不會因此改變我們種族的身體外觀。因為那（指小孩）不是**我們的**種族，也不是**你們的**種族。

朵：你的意思是？

珍：我的意思是：兩個種族都不是，而是**一個**種族。

我那時還不瞭解他指的是創造一個新的、不同的種族。

朵：你的意思是所有的人都是屬於同一個種族？

珍：最終會是如此。

朵：那就是起源嗎？

珍：我不明白這個問題。

朵：我們都是從同一個種族開始的嗎？

珍：我已經用我們和人類體驗情緒的差異對你解釋過了。這是將兩種不同的體驗整合到一個生命裡，然後創造出不同的生命，而且無損於任一種族的特性，也沒有改變這個特殊個體是由兩種種族所組成的事實。

朵：所以我們全是從不同的種族開始，但目標是整合成一個種族，擁有所有種族最好的部分，對嗎？

珍：這是一個計畫，沒錯。

朵：還有其他的計畫？(對。)你可以告訴我嗎？

珍：這時候還不能說。

朵：好，我很有耐性，可是我也有好多問題。我在努力瞭解你們這麼做的目的。

珍：當新地球演化的時候，保留在地球的部分本質會在某個時間點轉移到新人類身上。

朵：新地球？什麼意思？(沒有回答)我知道很多跟未來有關的預言。我在努力瞭解你說的事情是不是符合那些預言。

珍：我說的是新形態的生命體將會居住在新地球。

朵：在我們的未來還是什麼時候嗎？

珍：是的，在你們的未來。在我們所有人的未來。如果我用「轉移」這個字，你可能比較能夠瞭解。

朵：轉移什麼？

珍：這要看你們星球上的人所做的選擇結果。你們星球上既有人類的本質已經存在於新的種族裡，因此，假使你們選擇毀滅的路，這個新種族很可能就會取代舊的人類種族。你們將因此真的有個新種族居住在你們的新天堂和新地球；一個只擁有最正面特質的新種族。

朵：一個真正更進化的種族。（是的。）

《地球守護者》也敍述過類似的概念，有一個星球正在為人類摧毀地球之後，所要接受的新的（比較完美的）人類種族做準備。這種新人類是在太空船上的實驗過程發展出來。我被告知人類基因不能滅絕，因此要用這樣的方式保存。

朵：好，那這個胎兒……我想你會叫它嬰兒。你說它已經足月，四個月大的身體已經發育完成了。

珍：四個月。

朵：它要被帶去哪裡？

珍：我們有跟你們醫院很像的設備。我們也用同樣的態度照顧孩子。我們有一些人的工作是撫養小孩。你們可能會稱為「代理」媽媽。親生母親如果想的話，她可以來看小孩，不過她通常不會保有探望小孩的記憶。孩子的媽媽會教導這些存在體怎麼跟孩子互動。這是我們必須學習的部分。

朵：這個小孩是以不同的速度成長嗎？

珍：是的，是以不同的速度成長。你們地球的兩分鐘，孩子就能長到四歲大。

朵：好快。你們的時間也是那麼快嗎？

珍：可以快，也可以不那麼快。

朵：這樣的話你們只要幾天就可以有個成人了，不是嗎？（是的。）原來是這樣。這些新的生命體，這個新的種族，會被使用在別的地方嗎？

珍：他們在一個很不一樣的地方生活和接受教導。那個地方和他們最後會去住的環境很像。

朵：但這個地方不在地球？（對。）所以那會是他們要習慣的地方。就像是適應氣候？（對。）那複製人呢？他們最後會回到地球嗎？

珍：會。有些已經在地球上了。

朵：以什麼身分？

珍：人類。

朵：這麼做的原因是什麼？

珍：因為我們能複製人類，而且已經可以重新設計複本的身體到某個程度，也就是如果有需要的話，複製人還可以回去幫助它的根源，透過它與根源之間即時且密切的關係提供協助。

朵：複製人對發生過的事會有記憶嗎？

珍：不一定。

朵：我在想，如果複製人是在別的環境成長，是不是會具有那些記憶。

珍：在複製人的時間方面，我們也有同樣的能力，就像我先前對你解釋過的。換句話說，我們可以在非常短的時間裡複製出人類。這個複製人會被派出去執行工作或選擇進行一個任務，去幫助你們之中有需要的人。複製人透過保有你們的所有本質，他們跟你們的關係會更完整和諧和即時。

朵：我在想，複製人會知道自己跟其他人類並不一樣。

珍：對，有些知道。但複製人不見得會長時間待在你們的星球。

朵：他們只是來進行特定任務，特定的工作，然後就去別的地方。

珍：沒錯。

朵：我想人們之所以很難接受——我想澄清一些誤解——是因為他們認為你們在做外星人和人類的交配。這是他們的用詞，他們說這是在我們不知道的情況下進行，並沒有得到我們的合作，因此違反了我們的意願。我認為這是誤會的原因。他們把這看成不好的事，因為他們沒有所有的真相。

珍：這跟我對你提到的，從你們的觀點來看，你們指控我們令人類痛苦是同樣的問題。這是同樣的誤解。

朵：他們認為你們在做違反當事人意願的事，譬如強行把他們帶走，檢查他們，對他們做一些事。

珍：這是因為人類對自己承諾過的任務並沒有完全覺醒。任何曾經被綁架的人都是早先同意要這麼做的。可是因為他們分子結構的一些問題，我們無法像對其他的對象一樣，完全啓動那些能讓他們記得的細胞。比較有勇氣和內在力量的人，會對這整個宇宙計畫的目的有較為完整的理解。

朵：我就是在想為什麼有些人記得，有些人不記得。

珍：你記得你能忍受的事。隨著你們成長的速度，你們會記起並且得到更多的資訊。

朵：有些人記得的對他們來說很可怕。他們也只記得零星片段。

珍：可怕是因為事情對他們來說很陌生。有些實驗對人類來說很可怕，但人類自己也做過這些可怕的實驗。這跟人類對動物進行實驗時，動物所體驗到的恐懼是一樣的。

朵：對，我覺得這麼說很有道理。在你們的太空船上，只有你們這類生命體嗎？

珍：現在嗎？

朵：嗯，通常在這些船上只有你們這類的生命體嗎？

珍：在這個類型的太空船上，是的。但其他生命體也可以進入這艘船，要看是為了什麼原因。

朵：這是哪種太空船？它的外觀看起來是什麼樣子？

珍：這是一艘圓盤形的太空船。

朵：大嗎？（不大。）那麼還有其他類型的太空船？（對。）我對能在不同太空船往來的外星生命很好奇。我們聽過很多不同的描述。

珍：你想知道什麼？

朵：你能跟我說說其他種類的外星生物嗎？

珍：要看是什麼計畫和他們的人類對象。我們也跟其他的外星生命合作，跟誰合作則是看計畫的等級和類型。

朵：這些其他的生命跟你們來自同一個地方嗎？（不是。）我想他們看起來都不一樣，是嗎？

珍：他們看起來並不一樣。

朵：我假設每一個都有不同類型的工作。我有可能想的不對。我想有些任務是專屬的。

珍：我們進行的計畫很複雜。有的人類和我們的許多計畫都有關係。

朵：你是說實驗對象還是參與者？

珍：都有。人類可以在一個計畫裡是實驗對象，在另一個計畫是參與者，一個計畫是顧問，另一個計畫則是老師。所以這要看那個人是不是多層面的。我們找的是多層面存在的人類。當你對珍妮絲說話，你是在對一個多層面的人類說話。她瞭解不同層面和次元，而且可以同時在不同的層面和次元運作，因此她比較適合跟我們合作。她是很被重視的參與者、老師和實驗對象。

朵：我想知道其他也涉入這些多層面的人類知不知道是怎麼回事？

珍：每個人瞭解的程度不同。有些人比珍妮絲知道的多，有些人知道的少。這要看他們的進化程度，看他們的振動頻率，看分子結構發展的程度，還要看腦密度。有許多因素被納入考量。以你們地球的說法，我們在這方面是最「有愛」的。我們不想傷害到同意參與的任何人。答應參與的地球人起初不理解這樣的事，他們不懂為什麼，他們也無法一開始就知道繼續參與之後才得知的事。他們常常會變得錯亂，失去平衡，最後被送進你們的精神病院（insane asylums）（她事實上說的是assane asylums。）

朵：因為他們無法應付這一切？

珍：他們不知道要怎麼整合到自己的日常生活裡，因此變得不穩定。他們找不到平衡點。我們很遺憾，也努力防止這樣的情形發生。有時候，由於你們社會裡的人為因素，我們被提供錯誤的資訊……我們和他們有協議，照理他們應該提供他們檢驗過的適合個體，但我們發現我們自己去接近個體的成功率反而高些。因為你們特定的團體有操縱或欺騙的行為，你們某些……你們的社會成員提供我們一些錯誤的資訊。我們因此發現有必要在提供給我們的名單之外工作。

朵：是誰提供資訊錯誤的名單？

珍：有個團體提供我們某些人的名字，希望我們跟他們工作。我們同意了，也這麼做了。可是我們發現互動的目的中有著欺騙，背後的動機並不純粹。因此我們無法在那樣的層次上合作。

朵：你能告訴我那個團體是怎麼組成的嗎？我不要人名，只想知道那個團體是怎麼來的。

珍：現在不能說。我可以告訴你，但我不會說。因為現在我還不能向你透露這個資訊。

朵：好吧。換句話說，他們欺騙你們。

珍：有點。

朵：我會認為以你們具有的較高心靈能力，你們應該察覺得出他們沒有跟你們說實話。

珍：我們察覺到了，但希望我們是錯的。

朵：你認為這個蓄意欺騙是為了要破壞你們的計畫嗎？

珍：這個蓄意欺騙是為了要**控制**我們的計畫。這是一種掌控，而不是平等的分享。

朵：他們提供的是他們認為你們應該合作的名單，這樣他們就能控制實驗。（**對**。）我不懂他們要如何從中得利，除非能夠用某種方式控制結果。

珍：控制結果並且取得知識，而且可能還會誤用。

朵：你們曾經跟這個團體分享資訊嗎？

珍：我們以前是這麼想的。我們也分享過資訊。

朵：現在還跟他們分享嗎？

珍：大幅減少了。

朵：因為他們欺騙？

珍：是的。他們並不知道我們察覺他們騙我們的事。

朵：我可以瞭解為什麼你不想告訴我他們是誰。他們認為你們還在和他們合作。

珍：我們是還在和他們合作，只是在不同的層次。是他們選了那個層次。

朵：你們現在更小心了。（**對**。）你們會讓我下一次有更多的資訊嗎？（**會的**。）我以為你們可能會想先查核一下我這個人。

珍：我們查核過你了。只是現在還不是告訴你更多資訊的時候。這個個案需要發展和消化她現在所接觸到的事物。我們已經放慢了我們跟她的工作，因為她要消化的東西太多了。

朵：你有說過她以後還有別的事要做。

珍：是的。這個個體也跟外星生物之外的能量合作。她跟比我們的發展高出許多的能量合作。

朵：所以你們心裡還有別的計畫。

珍：有計畫的不是**我們**。我們是聽從比我們進化得多的層級的指示。

朵：但我是不是可以理解為她一直都會受到保護而不會被有意傷害？

珍：這個生命體的周圍有個無法穿透的保護層。

朵：這樣很好。因為我向來希望和我合作的人被保護。只要有可能，我不想他們受到傷害或覺得不舒服。

珍：偶爾會有不舒服。

朵：但你們可以盡力把不舒服降到最低，不是嗎？

珍：那是我們的工作。

朵：那麼我以後可以再來問你更多資料嗎？

珍：我們希望你會再來，也希望你能小心處理今天透露給你的事。我們希望你能等待，在你甚至考慮要揭露資訊以前，希望你能先自己消化過。我們會要求你們回到現在這個存在狀態（指透過催眠）並接受指導。我們希望你同意，在這時候不要把提供給你的資料出版。我們還有很多工作要做。如果你想參與，你可以再跟我們或別人對話。

朵：我在這段時間會保守秘密的。

珍：對，這樣是對的。你要暫時保守這個秘密。

朵：我不知道我們什麼時候會再合作。我來這裡必須開上一段很遠的路。

珍：你會再跟我們合作，而且會是比較方便的方式。

朵：那我下次來的時候要怎麼跟現在正在跟我對話的你聯繫？

珍：我們會聯繫你，你不必擔心跟我們聯繫的事。當這個載具，珍妮絲，進入了這個狀態，她便會跟她當下需要合作的任何對象聯繫。

朵：我想如果我知道名字的話，我可以要求……或是說明。

珍：你聽到我的聲音就會知道是我。你也會認識其他的聲音。以後我們會給你確定的方式。

朵：那麼我應該帶她進入這個轉換的意識，再帶她到你們的船上嗎？還是我可以有什麼說明以便跟你們聯繫？

珍：你要聯繫上我們很簡單。這個個案到時將會進入一種不同實相的狀態。

朵：像現在這樣？

珍：像現在這樣。你會注意到她的聲音的變化，因此你會發現她內在的能量轉變了。跟我們聯繫並不需要密碼。

朵：所以我不必要求要跟某個特定人士說話。

珍：有需要的話，那個人自然會出現。

朵：好的，我只是想確定我可以再跟你說上話。

珍：如果我是那個你需要對話的人，你可以再聯繫我。也許你會接觸到跟她合作的其他生命體。就如我先前跟你說的，除了外星生物能量，她也跟其他能量合作。

朵：好，但我只想要正面的能量。

珍：這些是正面的能量，因為她是純淨的光體，正面能量以外的能量不能進入。不可能的。

朵：我也想要有你早先說到的那種保護。

珍：你是個純淨的靈魂。心純淨，心思純淨，身體純淨，靈魂純淨。這些使得你的振動率提高到能夠跟這些能量合作的程度。要不然你無法做你現在在做的工作。跟你對話的珍妮絲也是有同樣的條件。

朵：我很感謝。我希望當我把這些不一樣的訊息傳播到世界時，你們也能保護我。

珍：你對於在做的工作有一種你們會稱為「愛」的感受。這是我們把你們兩個聚在一起的原因：好讓你們感受到同類關係，在彼此身上找到需要的支持。

朵：謝謝你跟我對話。我非常感謝。

珍：我們也謝謝你做這個工作。

朵：那麼我現在要請你帶著我對你的感謝離開了，好讓珍妮絲的意識回到這個載具。

珍：好了（指已經離開）。

朵：現在意識將完全回到珍妮絲的身上，我們的好朋友離開了，我現在要請珍妮絲也離開她正在觀看的場景。

珍妮絲吸了好大一口氣，我知道她的人格已經回來了。她在整個催眠期間動都沒動一下。那個聲音有著非常奇怪的類似機械的共鳴聲，但她卻似乎一點都不費力。我在設定好她的關鍵字後，引導她完全恢復意識。不過她要好一會兒後才能從床上坐起來，更別提試著起身和走路了。由於進入了非常深度的催眠狀態，她對過程完全沒有印象，當坐起來時，她感覺昏眩和迷惘。於是我讓她安靜地坐著，一邊和她說話。

為了不嚇到她，我想還是先別告訴她太多催眠的經過。我跟她說我會把錄音帶的拷貝寄給她，她可以自己私下再聽。她過了整整十五分鐘才站得起來，但身體仍搖搖晃晃的。

我絕對想再跟珍妮絲合作，但這表示我必須專程往返小岩城才行。我預期這會是長期的計畫，到時可能需要跑好幾趟。然而，當時的我並不知道，我已經不會再遇到這個小存在體了。

那個存在體提到不同銀河種族的發展，讓我聯想到地球自己的問題。人類對於不同種族在膚色、人種、宗教等方面的差異已經很難理解和接受，許多暴力更因為這些差異而起，這些人們自以為的優越感或自卑感甚至還引發過戰爭。如果我們不盡力讓自己去瞭解、消弭並調和**這些**

差異，我們又要如何希望能有瞭解外星人的一天？我們能怪他們不想跟我們有意識上的直接接觸嗎？他們已經看到太多我們用暴力對待異己的例子了。

人類往往害怕自己不瞭解的事物，而且對不同於自己的一切抱持著不信任的態度。

我們不是四個種族；我們都是一個種族——人類種族。我們也是銀河種族的一員。

第九章　在公路上被帶走

一九八九年十二月，我因為演講必須去小岩城，因此跟珍妮絲約好了再做催眠。當時我的感冒還未痊癒，身體不是很舒服，之前的那次旅程讓我精疲力竭，所以這回我試著把行程盡量安排得輕鬆一些。然而，不論身體的感覺如何，我都很想再跟珍妮絲合作。我希望能聯絡上第一次催眠時跟我對話的那位存有。由於那次的接觸是自然發生，所以我不是很確定要如何進行。

我們決定要探索珍妮絲那年稍早的奇怪經歷。也許我可以從那裡想出怎麼找到他。我們要探索的是珍妮絲離開公司替其他幾位同事買午餐的一天。她記得自己離開了大樓，邊開車邊看到公路上方有架幽浮。她試著要街上的人注意天上那個物體，但他們卻當她是隱形人似地繼續走自己的路。那段時間並沒有半點聲音，她好像突然失去了聽力一樣。所有的人也都完全無視於她。

她後來回到公司，當聽力恢復正常，所有聲響瞬間衝進耳裡的那剎，她還嚇了好大一跳。她也發現大樓樓梯上的人又都能夠聽到和看到她了。進到辦公室，同事們都很生氣，因為她已經外出了好幾個小時，並非像自己以為的只離開了一小段時間。同事們已經不要她帶回的午餐了。

我們決定找出那天到底發生了什麼事。珍妮絲一直沒有勇氣聽上次催眠的錄音帶。這對別人來說雖然很難理解，但這個情況在與我合作過的人當中，卻很常見。個案通常會對錄音帶敬而遠之。

或許聽到自己的聲音在敘述那些事情，會讓發生的一切更有真實感，但這卻是他們有意識想避免的情況。不知道其實是幸福的。他們不聽也沒關係，因為催眠療法和療癒無論如何都會在潛意識的層面發生。

在我們準備進行催眠的時候，珍妮絲有些擔心離上次已間隔了好幾個月，她可能無法再進入出神狀態，但我知道不會有問題，因為在那麼深的狀態下所設的關鍵字暗示，每一次都會發揮作用。

我使用她的關鍵字，透過倒數，帶引她回到事情發生的當天。我知道，只要設目標時準確些，即使不確定日期，潛意識也會毫無問題地找到那一天。

當倒數完畢，珍妮絲已經回到事件當天她在辦公室的時候。她有些不安，因為她在腦袋聽見一個奇怪的聲音。「我聽到那個聲音就知道他們在附近。我當時在我的辦公桌，聽到聲音時，腦袋也有些奇怪的感覺。我心想，是他們。然後又想，不，我只是在幻想。……我當時很忙，沒時間停下來思考。那個聲音沒有不好，不會讓我不舒服還是什麼的。音調有時高，有時聽來嗡嗡的，但它就在你的腦袋裡，然後你的耳壓會改變。當出現時，你好像覺得耳朵裡聽到砰的一聲。」

朵：你沒有意識到那是什麼嗎？

珍：哦，我現在知道了，但因為當時沒有在想，所以發生時很驚訝。我以為他們只是要我知道他們在這裡，這無所謂，他們已經不是第一次出現在我的工作場合了。他們有時候會這樣，透過我運作能量。我什麼都不用做，因為那是給這個星球的能量。有時候我哪裡都不必去。

朵：但這次你覺得你必須去別的地方？

珍：我沒打算要去任何地方。我並沒有要去買午餐。所以當我說我**要**去買時，自己都很訝異。然後我想：「噢！我這麼說了嗎？」（咯咯笑）我意識到是**他們**想要我離開，因為我自己並沒有打算出去。然後我想：「好吧。他們一定是有工作要做或什麼的，所以要我離開。」這樣的狀況會讓我困擾，因為這種事通常是我在家才會發生，而不是白天工作到一半的時候。總之，我搭了電梯下樓，胃感覺很怪，於是我知道要開始了。當時間要改變時，有時候就會是這樣的感覺。

朵：時間改變？

珍：（她說話的速度慢了下來，變得比較柔和。）是啊，進到不同的時間。

朵：什麼意思？

珍：事情變得不一樣。我停止存在於這個時間，去了……當進電梯的時候，我意識到時間變得不一樣了。不過沒關係。我現在知道是怎麼回事了。我並沒有害怕。然後當電梯開始移動……

她的呼吸變得沉重，似乎覺得吃力，也許是因為反胃。我下指令要她感覺舒適，但她的呼吸依然沉重，於是我讓她離開電梯。

朵：然後你去了車上還是哪裡嗎？

珍：是啊，我那時候感覺像是在夢裡。呼！（呼吸吃力）於是我知道他們真的、真的在這裡了，還有我真的、真的不是完全在這個次元裡。我本來在，但出來了。我的身體正穿越次元，那是……（變得激動）我上了我的車，努力維持在這個次元。我想著：「哦，我要開車。我說了要替同事帶午餐，我現在就去。」

朵：你必須要能開車才行。

珍：是啊。（她似乎很困惑）我發動車子，然後意識到……喔！感覺好怪。就像是，加速，放慢速度，加速又慢了下來，加速又放慢。

朵：噢，這會很讓人困惑。

珍：嗯……不是困惑。不是這樣的。是分子……我可以感覺到身體的速度。我知道事情在發生，知道自己在……知道那是……（深呼吸）開始動了，開始動了。（困惑）沒有不好。不是不好的感覺。

朵：我們現在只是回想，你不會因此感到困擾。

珍：不是困擾。是興奮。（深吸一口氣）我知道我在地球上，可是，咻！就像是穿過一個涵洞。咻！

朵：好。讓我們往前到那個感覺已經過去的時候。

珍：喔，它不會過去。

朵：你在跟我說話的時候，能夠忽略那個感覺。這樣它就不會妨礙你的溝通。

珍：（輕聲）對不起。

朵：沒關係。因為我不要你有任何不舒服的感覺。

珍：噢，那不是不舒服。那是很棒的感覺。那樣很好。

朵：但你跟我說話的時候可以先把它擱在一邊，這樣你才能表達得更清楚。好，現在你在路上開車，發生了什麼事？

珍：（那個感受顯然已經沒有困擾她，她的聲音穩定而清楚。）哦，我上了車，朝停車場出口開去。我應該要左轉上高速公路，去漢堡店買午餐。（驚訝）但當我開到停車場出口時，我沒有左轉，反而向右轉。我一右轉，心裡就想：「噢！怪了，我應該要往左的。」右轉真是瘋了。我想：「喔，好吧，郵局就在下面。既然要往這個方向，乾脆去郵局拿信好了。」於是我朝第七街的方向開，打算轉到議會前的伍德朗街。當我往議會大廈開去時，那個感覺又來了。接著我往右轉，沿著第四街開。一轉彎，我……（聲音突然變得小聲）我迷路了……。（感到困惑，話只說到一半。）

朵：迷路了是什麼意思？你不知道接下來發生了什麼事嗎？還是怎麼了？

珍：我不知道。我好像去了別的地方，然後被「嗖地」送回到我的車上。那就像：「我現在在哪裡？」的困惑，因為我回來了……我的意思是，我回來了。我的行進速度很快，可是車速並不快。我想，「噢，噢，噢，我要去哪裡？我在哪個城市？」有一下子我不曉得自己在哪裡。然後我想，「噢，我是不是該停車？」但接著……沒事了。我沒事了。我不害怕，不恐懼，只是驚訝。還有，我在哪裡？我試著到處看，看自己在哪裡，但周遭看起來好陌生。然後，我突然間就在郵局這裡了，可是沒有地方可以停車。於是我在郵局周圍繞來繞去，一邊開車，一邊有股要抬頭看的強烈衝動。它們就在上面。有三個。好美。

朵：它們是什麼樣子？

珍：銀色，圓的，發出嗡嗡的聲音。它們三個以一種模式移動，像是在跳舞。是為了我，像在說謝謝。我知道它們是什麼，但我要大家也知道。我要大家看到我看到的。它們很漂亮，真的很漂亮。我知道我才剛從那裡回來。我一望過去，一看到它們，我就知道了。

朵：還有別的人看到它們嗎？

珍：我試了。我要他們看。我降下所有車窗，大聲喊，但我聽不到半點聲音。街上明明有車在跑，我卻聽不到車子的聲音。我也聽不到人們的說話聲。他們就站在我前面說話，但我聽不到他們在說什麼。我要他們抬起頭來看，我還因此生氣。我指著天空大喊：「嘿！你們沒看嗎？看啊！看啊！」我想讓每一個人都看到，可是他們不看。我不懂為什麼他們不看，然後我意識到，噢，我聽不到他們的聲音。我一定是隱形的。也許他們看不到我之類的。我心想：「我在哪裡？」因為如果我在那裡，他們卻看不到我，那麼我到底是在哪裡？我心裡冒出這些念頭。我不明白是怎麼回事，但還挺有趣的。於是我問太空船：「現在是怎麼回事？」他們在心裡告訴我，因為我想見他們，所以他們讓我看到。就像個禮物。我知道我曾去過太空船，只是不記得那部分了。

朵：後來就恢復正常了嗎？

珍：不是馬上。我把車停好，下車後，我邊走邊對旁人說話，但他根本聽不到我的聲音。這有點讓人不安。我心想：「好吧。我要表現正常。」走在階梯時，我又能感覺到自己的身體了。我看到有人從大樓出來，我朝著他大喊。因為我離得很近，他被嚇到了（笑聲）。他一開口說：「嗨！」

我就又能聽見了。

朵：聲音回來了？

珍：嗯。我可以聽到別人説話。在那個人説「嗨！」之前，我一直聽不到別人説話。那個人看起來很面熟，我知道我認識他，但他被我嚇到跳了起來。

朵：然後你就恢復正常了。好，我想探索你認為自己去了別的地方的部分，也就是當時間加速，你還沒回來的時候。我們會知道當時究竟發生了什麼事。上次我們合作的時候，我被告知，如果帶你進入這個狀態，我就可以跟太空船上的人溝通。他説除此之外我不必給任何説明。現在他們之中有人可以出來解釋那時發生了什麼事嗎？

當我在問這些問題，試著重建聯繫時，我的身體發生了不尋常的現象。我強烈感覺到頂輪，也就是頭頂的地方有股熱度。我的頭頂四周感覺熱熱的，刺刺的。那是個奇怪的感受，但並不干擾到我專心和問問題的能力。這種擾人的感覺我是第一次體驗。我往室內四處望了望，想試著找出這感覺是從哪裡來的。即使知道不是室內的任何具體東西所造成，我還是忍不住用一隻手在頭上揮了揮，像是在趕蒼蠅一樣。

珍妮絲在嘟囔著，好像有困難説話。她終於發出的聲音和上次的並不一樣。這次聽起來不那麼機械，不是機器人類型，比較像人類，然而，帶著威嚴的感覺。珍妮絲那個輕柔、有些擔憂、非常女性和有著阿肯色州腔調的聲音不見了。

珍：你可以知道一些事，但不被准許知道全部，因為它還沒有完成。

朵：你說還沒有完成是什麼意思？

珍：這件事還會有更多發展，現在還不能透露。在我們開始以前，我想為剛才可能對你造成的任何不舒服道歉。我們剛剛是在掃描，確定你是上次和珍妮絲合作的人。我們必須確定你的思想過程正確連結，還有你的意圖仍然跟一開始時一樣。

朵：所以我才會有熱熱的感覺？

珍：是的。那只是個掃描裝置。不會造成傷害。

朵：上次掃描時，我的身體感覺刺痛（見上集第七章），不是熱。

珍：不同的太空船有不同的裝置，但目的都一樣。你騙不了我們。我們比你還清楚你的動機。如果你的動機不再純正，你就不會被允許有這次的溝通。現在你可以問問題了。

這個存有感覺是男性，他的解釋給了我信心。我直覺地知道他不會傷害我和珍妮絲。我從他的聲音可以感覺到保護。如果他想傷害我，掃描的時候就可以了，我完全沒辦法防止。不過我和這些存在體合作時從不覺得害怕，只有好奇。

朵：我想瞭解珍妮絲在這個事件裡究竟發生了什麼事。她真的在街上開車嗎？

珍：她真的在街上開車，但她超越了你們的次元，她的車不在你們的層面，人也不在。

朵：那麼她和車去了哪裡？

珍：進入我們的太空船裡。

朵：車子也進得去？那麼大一個東西？

珍：任何東西都有可能。

朵：這表示她從街上消失了？

珍：沒錯。

朵：如果有人旁觀，他們會看到發生什麼事嗎？

珍：他們不會知道自己看到了什麼，因為那就很像你關了燈，變化就發生在從亮光忽然變暗的時候。你不記得亮光，因為你在黑暗裡。

朵：所以街上的人就不會看到車子消失？

珍：他們會看到，但他們不會記得他們看到。

這聽起來和上集的其他案例非常相似，那些個案也說，和事件無關的人不會知道和記得自己看到了什麼。

朵：我想瞭解在這個過程中發生了什麼事。

珍：他們知道……他們以為……但那是被一個記憶取代，好讓他們不知道自己看到了什麼。

朵：因為記得會讓人困惑。為什麼她不是被單獨帶走？為什麼連車子都要被帶走？

珍：因為這次的旅行就是為了她。何況，如果有人發現她的空車，那麼她不在的時候就會有問題。警察會來，而且我們送**她**回去之後，她也會面臨該怎麼解釋才好的**大**問題。

這個說話的聲音似乎會影響到麥克風的回音。

朵：你們認為有這個可能。

珍：這是很真實的可能。不僅是可能性，是真實性。

朵：她被帶上太空船後，發生了什麼事？

珍：互動。為了讓這個個體能夠繼續做這個工作，互動非常需要。如果你想這樣說的話，你也可以說是在補充燃料，或是滿足這個個體想知道某些事的渴望，這在某種意義上能幫助她適應，讓她能在她生活的實相中運作。為了幫助她繼續這個工作，有時候需要提供她——如果你讓我用你們俗話的說法，就是給她愛的鼓勵，讓他們理解自己是被感謝的，他們並沒有被視為理所當然。(他是用了俗話，但用得很怪，使用俗話對他來說鐵定很陌生。)由於這個人對我們很重要，如果她有什麼需要或渴望，我們會盡力滿足，完成她的渴望。因為她正在進行和已經完成的工作對這個星球非常有價值，因此她的渴望會被滿足。

這個聲音給我的印象是一位老先生。他的咬字非常清晰，有時短促。

朵：我認為這樣非常好。所以當她和車子被帶走的時候，就只是穿越了一個次元？（是的。）我總是會想到實際面。那麼重的東西怎麼能在空中或什麼的運送？

珍：以她的理解來說，這和形體裡分子的加速或減速有關。

朵：但這個情形並不會傷害到人或是車？（對。）那回來時又是怎麼回事？為什麼會沒有聲音，還有她覺得自己是隱形的？

珍：那是為了要讓她繼續體驗這個禮物。那不是為了給別人看的，而且她需要意識到那是個真實的體驗。那是一個讓她知道我們有多看重她願望的方法。那是我們對她說：「我們同意。我們同意。」如果放在你們的參考架構裡，也許可以解釋為：這是我們在向個體傳達我們有多麼重視他們。如果他們想在白天看到我們，就像她一直期盼的，那麼它就會發生。因為這一點非常重要：讓他們知道我們信任他們，而且他們也能信任我們。在這樣的信任中，工作就能持續進展。至於聲音，還有她發現自己是在無法和別人溝通的狀態，這些對重新適應這個次元來說是必要的。因為有時候會有不一致（他說這個字的時候有困難），還有時間架構的因素，所以不可能立刻就接回這個次元。由於另一個次元的速度，所以這之間會有時間差，個體必須重新適應這個實相。因此有時候是有必要讓旁人看不到這個個體，直到個體能夠適應回去的實相。

朵：那麼其他人真的看不到她？

珍：沒錯。

朵：所以她是在次元之間了。而且這……

珍妮絲開始出現不舒服的跡象。她好像感到熱，把被單拉開。我下指令，讓她感覺安好舒適，她像是感覺到降溫，比較舒服了。我繼續我的問題：「沒有聲音是因為還沒有完全回來這個次元嗎？」

她又不舒服了。像是突然間那個存有又回來主導。是他的能量讓她覺得熱嗎？

珍：這可以這樣解釋：這個個體可以同時在一個以上的次元運作。這也是讓她知道她有這個能力的方式。也可以說是在告訴她，她能夠超越一個次元到另一個次元的時空。或許第三個次元。她有時候不只在一個次元裡運作，她自己也知道。

朵：那麼她回來後，在她停好車走出來之前，她和車子對其他人來說真的是隱形的嗎？

珍：沒錯。她會在時間的某一點完全適應並回到這個次元。但必須你們的時間參考架構到了那一個點，那個時候，她才能夠回來。

朵：所以就街上其他人來說，她並不存在。

珍：對。

朵：當她看到空中那三艘太空船時，別人也看得到嗎？

珍：看不到。因為她可以看到的東西不只一個次元。她可以看到。其他人沒有那樣的視覺。

朵：那麼在她回來的時候，太空船仍然在另一個次元。

珍：它們是在另一個次元，可是她能看到，因為她可以同時看到兩個次元。

朵：我聽過其他人談到類似的經驗，一樣是沒有聲音，他們也一樣試圖引起別人的注意。我很好奇那些時候都發生了什麼事。

珍：有可能是同樣的事。

朵：而且有時候似乎是完全靜止，沒有任何的動靜，不論是在街上還是別的地方，就好像一切都停止了。

珍：是會這樣。那又是不一樣的情況了。

朵：在那些情況是發生了什麼事？

珍：時間停止了。

朵：是為了那個人還是外在的世界，還是其他原因嗎？

珍：可以是為了兩者。

朵：我很好奇，我總是努力想瞭解這各種各樣的事。你說她的能量在船上時被調整了，那是透過某種機器嗎？

珍：不是，是用思想。

朵：一定要她的身體在太空船才能調整能量嗎？

珍：不用，但這樣比較快。這個個體在哪裡都可以工作，但有時她也需要直接的交流。交流對她比對我們來得必要。

朵：我可以請問，你是上次跟我說話的那一位嗎？（不是。）我就覺得聲音聽起來不一樣。我被告知有空的人就會來跟我說話。對嗎？

珍：她現在在跟我合作。

朵：好。上次那個聲音聽起來比較機械。我想瞭解那次的溝通是怎麼發生的。是傳心術，心靈感應？還是透過某種機械的設備？

珍：我不明白你的問題。

朵：另一個聲音似乎比較機械化。我想我應該說比較像機器人？

珍：那是不同層次的溝通。

朵：那我跟你現在的溝通又是怎麼發生的？

珍：是透過一種轉換方式進入了你的個案的腦細胞，再使用她的聲帶向你傳送聲音。也可以直接對你這麼做。

朵：但還是要透過某個什麼，不是嗎？

珍：不必。

朵：你來的那個地方，那裡的生命是用說話溝通嗎？

珍：可以說話，也可以不用。

朵：我不知道你們是不是有用來說話的發音裝置。

珍：我們可以模擬你們說話。我現在就是這麼做。

朵：所以我才會在想你們是不是使用某種機械裝置。

珍：我們有不同層次的工作人員，你當時只是和那時候跟她合作的那個層次的人員說話。現在層次已經提高，也已經有過許多次會面（指跟個案），工作層次已經跟上一次與你溝通時不一樣了。我知道你記得，我們跟你說過我們有很多計畫。隨著這個生命體不斷進展，她願意，也希望能處理更多的事。這會越來越成為她的實相的一部分，到後來你們甚至不會注意到有什麼差異。

朵：但你說過你們可以透過個案對我說話，我個人比較喜歡這個方式。我不想這時候被直接接觸。

珍：如果你這麼希望的話。

朵：我想這時候保持客觀報告者的身分對我工作的可信度會有幫助。

珍：我們不想妨礙你的工作，因為你是在對你的星球提供偉大的服務。你是先鋒。

朵：所以我寧願用這個方式。如果是用別的方式，我想我可能會害怕或是嚇到不再想做任何實驗了。

珍：我們需要向你解釋我們正在使用的這個方式，也就是和你溝通的方法。從你上次跟這個個體見面後，我們做了很多工作。我們現在跟她的同化整合工作已經進展到能量層級，因此她的功能也有所不同。這個個體的進展已超越了上次跟她合作的存在體的層級。現在她是在不同的層級了。

朵：我知道你們兩個（指跟上次對話的存有）是不同的人格。我可以問，你看起來是什麼樣子嗎？

珍：我看起來和你們地球人長得很像。

朵：因為前一個說他看起來比較像有大眼睛的小灰人。

珍：對，我們知道他們，也瞭解他們的工作。總之，他們聽從我們的指示。

朵：而你看起來比較像我們認為的人類長相。

珍：我們想看起來像什麼就像什麼。

朵：你們是怎麼做到的？

珍：那是我們天生就會的一種方法。是思想。

朵：你會發現我問很多很多的問題，所以請對我有點耐性。

珍：你是個好奇的女人。

朵：絕對是的。你們有什麼最初的形式還是主要的狀態嗎？

珍：有。

朵：那是怎樣的形式？

珍：純能量。

朵：那麼你們並不一定需要有身體了？

珍：沒錯。

朵：可是你們會為了不同的原因顯化出身體。我能知道為什麼嗎？

珍：如果我們想在你們的星球上走動，或是需要拯救個對象，又或者需要在一個需要身體的領域工作的話。

朵：既然你們是純能量，難道不覺得那樣很受限，很不自在？

珍：那樣做是很辛苦。

朵：我想也是，因為你們很習慣自由。

珍：是有點侷限，沒錯。你瞭解你是在對一個身體裡的存在層面說話嗎？在這個層面……（嘆氣）個體到達一個點，然後具有在能量狀態工作的能力，這個個體學習怎麼在這個狀態工作。珍妮絲最近主要就是在做這個。她知道。

朵：你現在是在太空船上嗎？

珍：我們現在是在太空船上。

朵：我覺得這很難理解：你的正常狀態是純能量，可是仍然需要使用太空船旅行？

珍：在特定的次元是需要的。我們越接近地球就越有必要，這是因為你們有害的臭氧層和你們行星系統裡的各種汙染物。為了維持能量的純淨，我們有需要將能量密封。這樣瞬間傳輸的能量就不會被妨礙或干擾。每當你想在這個存在層面工作時，有好幾種不同的方法可以做到，主要是看進行什麼計畫。現在，我想說的是，在和能量狀態有關時，你不需要任何事物就能作用。然而，要看是什麼目的或任務，因為那會決定使用的方法。我們在任何地方都可以與光合作，跟你的光，你純淨的光，純淨的思想；我們可以沒有形式，沒有形體。但當有需要進入這個次元，當我們在這裡的時候，由於星球現有的情況，我們必須保護我們的能量狀態，好讓它被適當使用。因為能量在分子層面上會被它所接觸的東西影響。因此，如果我們以純能量的狀態——地球此刻迫切需要的能量——進入你們的星球——能量在分子上就會被改變。即使是一個分子的變化，都會造成差異而無法發揮必要的改變。這個解釋你能瞭解嗎？

朵：我在努力瞭解。這是為什麼你們要顯化身體的原因嗎？

珍：這是為什麼需要顯化出身體。這是為什麼要進到太空船裡。因為你們大氣層的分子會影響身體，但它影響不到內在能量的純淨。如果你以能量狀態進入，你就會跟空氣裡的分子互動，因此，既存的負面就會跟被帶入的純淨能量產生互動，並因此改變了那個純淨本質的狀態。維持純淨本質的狀態是必要的。那也是珍妮絲被帶到太空船，她的車子進到船裡的另一個原因。我們可以從我們所在之處轉移給她她返回地球時所帶有的本質，但為了讓能量被完全使用，一定要她在身體裡的時候進行，畢竟她會以她的身體回到地球。

朵：是的，她這個時候必須在身體裡，要待在地球上。

珍：沒錯，但她的內在能量跟你們所居住的這個世界的物質能量不同。

朵：這是因為她其實是你們的人嗎？

珍：她曾經是我們的一員。她已經超越我們了。

朵：那麼在我們視為線性的前世裡——線性是我唯一能理解前世的方式——她在某個時候曾經是你們的一員？

珍：她現在仍然是，而且不僅於此。她超越了我們。她和我們合作是屈就了。我們很榮幸有她跟我們一起。

朵：這樣很好。當大多數人看到你們的時候，你們是認為他們應該看到什麼，便以那個樣子出現的嗎？

珍：我不瞭解你的問題。

朵：好，因為有人說他們看到我們所稱的外星人或是來自外太空的生命時，他們看到的是不同的形式。

珍：那是因為有不同的外星人。

朵：我想知道這些形式是不是都是顯化出來的。

珍：他們是存在的。他們不是……(嘆氣)他們確實存在。他們就像你們一樣存在。他們的差別就跟你和某個中國人的差別是一樣的。

朵：我向來是這麼認為的。可是你們這種類型不一樣。

珍：我們是一種整合/融合的生命體。由於我們的發展，我們能夠做其他外星生命可以做到的事。他們那種對實驗很積極參與。但那不是我們的主要目的。

朵：你們跟實驗無關。

珍：我們不是在醫學實驗的層面。我們工作的層次遠超過那個層面。

珍妮絲的呼吸變得沉重，她感覺到熱。我下指令，她會感到比較涼爽。她感受到的熱似乎是逐漸累積的能量波動。

朵：我知道我的問題聽起來一定很簡單，但我這樣才能夠學習。所以我希望你對我能有耐心。

珍：我們對你的說明會受到語言的阻礙。

朵：可是那是我唯一能理解的方式。

珍：我們明白。不過有時候要用你們人類的字彙來完全解釋一個過程是很困難的。因為你們語言的限制會造成意圖的傳達錯誤，或是意義不被完全瞭解。

朵：我已經從別人那裡聽了很多次這樣的說法。

珍：你們會把句子寫下來，我們覺得這很有趣。我會用「滑稽」這個字。對我們來說，你們把每個小小的字都寫出來是很滑稽的。在我們的溝通中，一個符號就可以傳達許多許多句子和資料。我們用符號來描述或提供資訊，不論是心靈溝通或是書面的形式。我們只要用一個符號就能說明太空船上的某個個體的工作內容，他曾經做過什麼，他在地球計畫的目的，他從哪裡來，那裡又是哪類的環境等等。他的過去和機能就全都在那樣的一個符號裡。其他的符號則描述這個個體的母星和恆星系統。

朵：一個符號就包含了很多資料。

珍：有些符號就在太空船的牆上，也在我們的書裡。

朵：哦，你們有書？

珍：是的，珍妮絲看過一本這類型的書。雖然她堅持她不瞭解書上寫些什麼，不過她被告知她的確瞭解，只是必須在特定的心理狀態下才能解讀。這或許可以幫助你們瞭解，我們試著用說話這種陳舊過時和冗長的方式與你們溝通的困難。尤其是當我們試著解釋的概念往往沒有言語可以描述的時候。

這位存有接著給了一個例子，說明透過符號進行的心靈溝通。他說我們也做同樣的事，只是沒有意識到，而且我們也還沒發展到他們的程度。舉例來說，「Xmas」這個符號包含許多意義，也讓人聯想到不少畫面，包括聖誕樹、裝飾品、禮物、耶穌聖嬰、耶穌誕生的擺設、聖誕老公公、紅色、綠色、鐘等等。由一個象徵符號想到的圖像和感受也可以寫出許多頁的文字。我很容易就能想到其他類似的象徵符號。這是個很好的比喻。它解釋了用符號溝通並且將整體概念包含在這麼簡單的方法裡的邏輯。難怪他們對於我們使用文字和口語溝通的繁瑣方式有困難，而且也常常欠缺耐性。

我回到他開始說明前所問到的問題。

朵：那麼當其他人遇到外星人時，他們看到的並不都是顯化出來的形體，那些確實是有身體的外星生命，可以說是物種嗎？（對。）我試著把我聽說過的外星人依他們所做的工作來分類。我不知道有沒有這個可能，可是我想問一些這方面的問題。譬如說，我們稱為「小灰人」的那類生命體，你說他們主要是跟醫學實驗有關？

珍：他們有參與，並且是協助者。很多人對他們有誤解。他們被怪罪很多事。他們也許有些是在做你聽別人談到的那種實驗。然而也有一些的工作領域是協助人類承受特定層級的能量。因為要能在能量的領域運作，個體的內在必須要改變才行。你現在對話的人，珍妮絲，就是在這個領域運作的。她的體內必須有物理變化，否則身體會瓦解而無法回到你們的次元。因此，小灰人還有在那個層級工作的我們的弟兄，在我們看來，他們的角色就像是你們的醫生。他們會修正、重建和維護，並且機械性地做這類工作。他們和我們所涉及的能量工作無關。他們涉及的能量工作只是單純完成個體身體內的改變。而實際上當改變發生……(再次顯示不舒服)

朵：你現在覺得冷嗎？

她的反應和原先越來越熱的時候不一樣。我幫她蓋上被單，下了感覺舒適的指令。

朵：那麼他們跟進行人體測試這類事有關。

珍：是的。(深吸一口氣)

朵：也有人跟我提到一種類似灰人，但非常高大，有長長的指頭跟四肢的外星人。你知道我說的是哪種嗎？

珍：有好幾種都像那個樣子。我不確定你說的是哪一種。

朵：哦，有人說他們很高大。我相信他們穿著袍子，有很長的手指，長長的手臂和腿。

珍：他們是什麼顏色？臉部輪廓是什麼樣子？因為有一種純外星的存在體，他們很高大，但是是低調謙遜的種族。如果你看到他們，你會認為他們就像你們地球的巨人。不過他們不是，他們是外星人。

朵：我相信他們有不同的臉部特徵。他們被看到的時候大多是在大型太空船上，也就是我們所稱的「母船」。

珍：是的。如果你說的是母船上的存在體，那麼我知道你的意思。但當你說他們很高大，那倒是有好幾個種族都很高大。他們有很多都是老師。個體在母船工作時，能夠得到很棒的教導。那些存在體的層級超過了灰人。以你們的語言來說，他們已經提升了。

朵：有人觀察到他們在做較大規模的實驗室實驗。

珍：我的瞭解是他們在做別的領域的實驗。……物理學的層次。

朵：我把他們歸類為比較聰明的外星人。

珍：沒錯。這正是我要告訴你的。用你們的詞彙來說，你已經更上層樓了。你可以把這想成你已經晉升到另一個層次了。

朵：有人還告訴過我另一種類型，看起來比較像蟲，就像我們知道的昆蟲臉部的特徵和四肢。當然，每看到這種類型都會令個案不安。

珍：如果你看看你們的星球，你就會看到跟你現在所說的一樣的東西。你走到户外，看看你們的螞蟻，然後看看你們的蚱蜢、蠕蟲、鳥兒、你們的熊，看看……地球上的一切。我可以無止盡地一直說下去。這其中的道理是一樣的。在你們星球上運作的生命力也同樣在這裡運作。所有這些不同樣子的生物在源頭都是一樣的。同樣的……(表達有困難)那個字是……那個措辭是……(嘆氣)。

朵：是什麼？分子結構還是什麼嗎？

珍：不是。比較上來說，你觀察的和人們在地球層面觀察的是不同層次的生命在工作。或者說存在，就只是存在。

朵：但人類看到這些昆蟲類型時會比較不安。

珍：嗯……你認為當一隻螞蟻看到你們的時候不會不安嗎？

朵：(輕聲笑)我從來沒想過這一點。當然，我們大得多了。

珍：噢！噢！噢，你們和螞蟻可是非常不同的。對螞蟻來說，你們的身體很怪。看到你們的腳朝牠的頭踩過來的時候，牠的心裡會有恐懼。(我哈哈大笑)所以都是同樣的道理。我在努力告訴你，這是同樣的原理在運作。完全一樣的原理。

朵：我試著以他們做的工作把他們分類。在我的理解中，昆蟲類型是比較僕役型的生物。我有可能不對。

珍：不，你沒有錯。

朵：人類看到的他們像是在聽命行事，他們好像沒有什麼自主性。

珍：他們被看作是工人。

朵：而其他類型呈現在外是一種樣子，事實上卻是另一種。

珍：他們想用什麼方式呈現自己都可以。如果他們想是隻貓，他們就是隻貓。跟我們合作的人類個體逐漸知道了，因此在互動方式上會很不一樣，因為個體意識到是怎麼回事。他們彼此尊重。如果我們有必要或是需要下來當隻貓，我們會這麼做。

朵：這個可以解釋……有些人稱這些是「簾幕記憶」。他們認為自己看到了某個東西，可是實際上並不存在。

珍：那是其中一個目的，但不是全部。有時候，就像珍妮絲的情形，因為她所運作的高層級，還有她參與的一些計畫，為了幫助她重新進入地球層面，是有必要給她一個實體物件。透過她跟那個東西的互動，她就會踏實回到你們的星球。

朵：這是為什麼她帶著她的狗或車子一起嗎？

珍：不，不是的，完全不是。這跟帶任何東西無關。你知道……（嘆氣）身體必須重新整合才能回到你們的物質世界。有時需要重新整合才能幫上個體。（再次在用字上有困難）因為個體在重新整合之前所運作的能量層級……有時是很難從那個能量回到你們的物質世界。為了做到這點，個體必須跟我們所提供的特殊物體互動。那可以是動物的形式，也可以是能夠吸引那個人的石頭的形式。當他們去碰觸那個物體，我們便能透過物體將他們重新整合到他們的物質實相。你應該很瞭解，你經常在帶引個案脫離催眠狀態。運作的原理很類似。

朵：我明白了。請盡量對我有耐性。我想，隨著我們繼續往下談，我會更瞭解的。但一開始我會有很多對你們來說可能是很幼稚的問題。

珍：你是很有智慧的女人，我為我的魯莽道歉。只是我現在必須去別的地方，而我想回答完你的問題。所以我……

朵：有一些沒耐性。魯莽。好的。我也在學習瞭解你的個性（笑聲）。我有些問題想問你。我們可以繼續討論。

珍：如果是你們該知道知識的時候，你們就會知道。請瞭解，如果有任何沒回答的事，這並不是因為對你的工作或問題有任何不尊重。只是因為以我們的存在方式……你必須瞭解時間，不是你**們的**時間，不是**我們的**時間，而是**所有的**時間。因為我們來自一個超越了任何時間的地方，因此，要進入和**穿越不同的**時間，我們必須做得很準確。要很精準的行動，在非常精準的片刻，就如你會認為的，是時間中的片刻。有時它就只能在那特殊的一刻發生。如果那一刻快了或慢了，一切就都會被改變了，不一樣了。

朵：這是為什麼你們不能給我我還沒準備好接受的資訊。

珍：你瞭解這點很重要。你瞭解你將會收到一些資料也很重要。但資訊必須來得**具體**，而且必須是在一個**特定的**時間點上。在特定的點上，不僅是你們的時間，也要從我運作的地方穿越時間到你的所在。

朵：所以我只能問問題，然後看看是不是可以得到答案。好，接下來這些是我研究幽浮的朋友（我指的是盧）要求問你的一些問題。我們看看你能不能回答。他想知道基因實驗跟牛隻肢解事件有什麼關聯？

珍：關聯是全像式的。我們很關心牛隻肢解這個主題。

朵：因為這些在地球被看作是負面的事。

珍：它們在你們的星球被視為負面。然而你們需要知道的是：你們可能到了小岩城的醫療中心也會看到同樣的實驗正在進行。而且你們是在對自己做實驗。所以何必這麼驚慌？你們出於研究的目的，也對貓和狗做同樣的事，只是當這是在牛的身上，就——恕我直言——把你們嚇壞了？做這些事並不是出於好玩（他有困難找到形容的字句），有些特定種族在用器官進行試驗，複製東西到他們的行星。在基因上，母牛肝臟的細胞可以跟雞的肝細胞混和。那個結合會產生一種完全不同類型的生物。牛隻肢解一直被歸類為同一個事件，但這是不正確的。不正確。並非你們所有的牛隻肢解都是宇宙兄弟做的。有些是你們星球上高度發展的個體所為，目的則不是那麼高尚。

珍妮絲再度顯得不舒服。她把被單丟開，像是在努力維持體溫穩定。

朵：對牛隻進行實驗的外星人是特定的一個外星族群嗎？

珍：都是一個**整體**。這就很像是你們常說的：「我們都是一**體**。」同樣地，外星人都是一體，但我們也都不一樣。我們跟你們差不多，也是有各自的發展。

她又覺得熱了。我再次給降溫的指令。

朵：我知道這對你來說不太好受，但再一下就好了。

顯然這只是珍妮絲的身體反應，因為並沒有影響到透過珍妮絲說話的存有。他繼續說，像是不曾被打斷過。

珍：就像你們各自以不同的速度發展，外星人也是。他們在演化的某個時候獲准做他們的實驗，這也跟你們一樣。由於外星人各個團體間的互動，我們全都融入一個**整體**，只是有一個明確的階級，階級不是適當的字，但這樣說你們才能瞭解。這是外星人的演化過程，跟你們地球上的人沒有不同，也跟地球從最初到現在的情況一樣。因此，我們也有演化，外星人的演化。

朵：大家在問的一個問題是，為什麼他們要殺這麼多牛？

珍：不全都是他們殺的。這就是我要跟你說的。所有在這裡發生的事都被駭人聽聞的手法處理，以致於地球人做這種事的時候不但不會被發現，還能怪到外星人頭上。有很多怪罪到外星人的事都不是外星人做的。我們來這裡並不是要造成傷害。

朵：我相信。但他們還是要我問這些問題。好吧。在上一次的催眠時，另一個生命體談到，嗯……我想你會說是和政府達成的協議。你知道這方面的事嗎？他說到頭來政府背叛他們。

珍：沒錯。

朵：我可以多瞭解這是怎麼發生的嗎？

珍：（嘆氣，態度遲疑。）這個……以前有過一個協議。在你們的時間裡，曾經有一度你們的政府因為他們口中所稱的我們的「力量」，（嘆氣）害怕我們可能、將會，或想要完全控制你們的世界。我們選擇了那個時間使用那個恐懼，我們並不是要引發恐懼，不過這不代表我們來這裡不會用上每個我們可用的方式來促使人類**停止**。**停止**！**停止**，人類。你們難道不瞭解你們在對你們的宇宙做什麼嗎？我在向你說明的是，你們的政府害怕我們。我們認為那是一個跟他們協議的好機會。無論如何，我們並無意推翻你們的星球，但我們引起了他們的注意。一旦得到他們的注意，當然，就會有後續的事情。後來的一些意外，造成了這整個情況。我們確實發生了些意外。有些人的猜測是對的，你們的政府的確握有羅斯威爾事件的資料。你知道那件事嗎？

朵：是的，我知道。

珍：因此雙方有過幾次會面，並達成了一項停戰協議。雖然根本沒有什麼需要中止的戰爭，我們還是讓這事（指協議）達成。我們遵守了我們這方的約定，然而你們的政府卻沒有遵守**他們**那部分的約定。

朵：可想而知。

珍：我們分享給他們的資訊越多，分享的技術越多，他們就越是貪婪。於是我們又再次看到人類的心思。忍耐是有限度的，我們瞭解到我們面對的是什麼情形。我們的心因為瞭解而充滿悲傷。

這使得我們再次變得較具顛覆性。在我們對你們的星球灌輸和平（意識）的時候，這並不是我們要的，然而這卻是你們唯一能瞭解的方式。你們可以說是無法被「提醒」。

朵：誠心的提醒。

珍：對。

朵：那麼當時你們的人跟政府接觸，所以政府裡有人知道你們的存在？

珍：非常清楚。

朵：而且跟你們溝通？

珍：沒錯。你們的政府裡有跟珍妮絲很像的人。

朵：你們分享了哪類資訊？

珍：你們的隱形轟炸機就是分享的結果。

朵：喔？還有其他的嗎？

珍：還有。

朵：我聽說電腦也是我們跟外星人交流的產物。這是真的嗎？

珍：（大嘆）當時已經有人在研發電腦，我們只是加速了它的發展。所以我們不一定是把技術給你們，而是你們已經從我們這裡得到構想。你們從我們這裡得到了想法。電腦的研究就是從那個想法**開始的**，所以分享更加速了它的發展。政府並沒有參與其中。那不是我們所說的「交易」的一部分。

朵：我想的交易是提供資訊。在我看來，轟炸機是負面的。

珍：哦，有時候你們人類的視野真是狹小如蟻。你知道的，轟炸機不是一定要使用在破壞的目的。如果你們應用那個技術，你們可以把它作為跳板，學習怎麼做我們能做到的事。如果不知道怎麼處理它，你們也不會知道要怎麼處理太空船。（語氣聽起來有點火大）

朵：瞭解了。所以你們覺得被政府背叛了？

珍：（她平靜了下來）是的。他們違反了協議。因為……（嘆氣）你們的政府一直在提供武器給全世界的國家。但轟炸機的技術不是要給其他國家的。這個技術是給**這個**國家使用，因為美國當時致力於和平。你們把原子彈的技術分享出去了。當然，這不能完全怪你們的政府，因為那個技術是被偷走，然後交給錯誤的人，我們關切的是這個：擔心這個技術落入不對的人手上。而事情也真的發生了。所以，沒錯，我們被背叛了。當然，我不是在說錯完全在你們的政府。但在我們這邊，訂了協議就不會背離。

或許這是為什麼外星人看到技術被誤用，仍然無法違背他們那部分協定的原因。不過，一旦發現人類的欺騙行為後，他們對往後的協議條款就更加嚴格。

朵：結果你們現在還和他們分享資訊嗎？

珍：某個程度。不是全部。那是不可能的。（輕聲說）如果他們這樣對我們……（嘆氣）我不認為有任何公正可言。我們看到這個情況很難過。

朵：那麼你們還沒有完全停止提供他們資訊。你們只是有所保留，或是給不同類型的資訊。

珍：選擇性的給。有些特定的人，像特斯拉（Tesla），我們就可以相信他。（譯注：Nikola Tesla，大發明家尼古拉·特斯拉，交流電之父。）我們信賴一些特定的個體，就像珍妮絲，我們相信她對得到的資訊會做適當的處理。這是信任的問題。我們不會停止分享技術。因為我們來這裡就是要提供**協助**，不是要談交易。想要交易的人是**你們**，不是我們。

朵：但因為這件事，你們不會分享所有能夠分享的資訊了。

珍：沒錯。我要教老布希總統怎麼使用光速傳輸他自己嗎？（勉強地笑了幾聲）我會教珍妮絲。她知道。她會。

朵：（輕聲笑）你們無法信任他會如何使用那個資訊。

珍：沒錯。

朵：我同意。和我合作的這位先生想知道多些這方面的事。他說這聽起來合理多了。

珍：什麼？我……我？

朵：和我在研究這些資訊的男士。我和他分享資料，他從來沒有……

珍：哦，我們知道，我們知道他，我們知道這個人。

朵：這些問題是他寫的。

珍：你們聽到什麼覺得很合理？

朵：有這麼個說法，說背信的不是政府，是外星人。但他說：「這不合理。」

珍：你們的政府讓事情看起來……你知道的，他們很擅長這種事。就比如說如果你已經很重了，卻還想吃兩頓的冰淇淋，你就會找到辦法讓這件事很ok。所以如果你們想濫用我們的技術，你們就會把濫用的事怪到我們頭上。你們不會乖乖的說：「噢，是我不好。是我做的。」這種情況在美國更嚴重，真的。

朵：他就是這麼說的：「他們到底是有多蠢，竟以為能騙得了那些能讀心的人。」

他哈哈大笑，但聽起來勉強而不自然。

珍：沒錯。我們在笑，不過這不是好笑的事。這讓我們覺得悲哀。所以我們對分享資料的對象變得非常非常挑。我們現在是透過載具說話，要能在你現在對話的這個層次上互動，這個擔任載具的個體必須純淨。你能瞭解我說的是能量嗎？

朵：是的，我能瞭解。

珍：如果你把她還原成她的能量狀態，你會發現沒有一個分子有問題。那是因為她的作為。那是來自她的人生，她奉獻自己和生活的方式。好，除了知道這點，你也必須瞭解這個存在體超越了我們，她是在能量狀態。她超越了這裡。你能領會我在對你說什麼嗎？

朵：我想可以。因為和我合作過的人裡頭，有人說他們的其他世是在較高的能量層面。有時候他們會回到這個世界。

珍：這個人不是你們世界的人。然而她在你們的世界和其他的世界同時運作。

朵：這必須要非常先進的靈魂才能做到。

珍：她會越來越能充分瞭解到她的全面性。嗯……這個字不對。

朵：整體性嗎？

珍：不，不是這個字……她的全部能量超越了次元。忘掉次元，我們現在不是在談次元。這個連結超越了次元。她來的地方沒有次元。她的靈魂跟她的本質緊密相連。她的內在一直有神性最初的神聖火花。在一個人類身上看到很令我們敬佩。我們很重視她。這也是為什麼她要求在白天看到我們，我們就來的原因。

朵：我能理解。我再問一個簡短的問題就讓你離開。他也想知道：我們被告知「被綁架的人」——我不喜歡這個用字，但大家是這麼說的——當人們被綁架的時候，他們被植入監測器或監控裝置，然後就一輩子受到監控。

珍：（遲疑，好像我這麼說不正確。）這個……

朵：或被追蹤。

珍：你們也做同樣的事。

朵：好，他想知道我們這些調查幽浮的人是不是也被監控或被追蹤？

珍：當然是。

朵：他說這是他的猜測，但他想要確定。

珍：你瞭解為什麼嗎？重要的是你要瞭解原因。

朵：是的，我想知道。我想他也想知道。

珍：這是為了保護你們，不是為了破壞。你已經得到我們的信賴。如果你不被信任，你現在不會和珍妮絲說話，因為她在這之前從沒接受過任何像你這樣的調查。她的意識已經知道三年了。她一直完整保留在自己心裡。只有內在性格力量強大的人，才能在人類層面經歷這些體驗。她不僅在人類層面經歷，她也同時在其他的層面經歷。這需要內在有很強大的力量。普通人很少做得到，因為人性會分裂，他們若不是發瘋，就是無法正常生活，要不就是會坐在樹下凝視天空，或是……但她能夠繼續運作，因為她高度發展的本質。這也是因為她的腦和她全部的存在是在分子狀態下運作。她的能量來源的模式有這個特殊設計，所以她才能這麼做。好，回到你的問題。

朵：是的，跟調查員有關的問題。

珍：調查員。你，你的朋友，都受到我們的重視。我們很看重你們。你知道，你就像是我們的人員。你們怎麼稱呼那些人的？你是公關（勉強的咯咯笑）。這是我們需要的，所以我們很感謝。但在你們的理解層次而言，你們有些人可能會感到害怕，可是這並不是監控的意圖。好，針對你原本的問題。大多數時候，植入物的裝置——我說大多數時候是因為不同的裝置有不同的目的……（出現不舒服的現象。她又感覺熱了。我給了舒緩的指令。）

朵：你說調查員也被植入裝置？

珍：不是，我不是這樣說的，是你說的。

朵：好吧。你說到植入裝置。

珍：我說的是……好吧。你現在回到你原來的問題了。你原來的問題……你說被綁架者被植入這些裝置，然後一輩子被追蹤。嗯，那和肢解牛隻是一樣的事，這裡頭有錯誤的想法和誤會。首先是對於目的，再來是植入到誰的身體裡，最後是認為他們會一輩子帶著這些裝置。好，裝置。(嘆氣)讓我們用「新手」這個字。新手。什麼是新手？

朵：初學者。

珍：噢！初學者。(語氣有些輕蔑)

朵：我是這麼想的。一個剛開始學習的人。

珍：你是對的。那麼你會把一個小孩帶到游泳池十呎深的地方嗎？你會帶一個小嬰兒去那裡，把他丟到池裡，沒給他穿上救生圈嗎？你會這麼做嗎？

朵：不會，我不會。

珍：我們也不會。你知道，要看「被綁架者」工作的層次而定，從我們的觀點來看，我們不把他們看作「被綁架者」。

朵：我也是。

珍：我們純粹認為他們是光的工作者，就跟我們一樣。你可以把所有我們接觸過，並接觸過你的生命，簡單且非常貼切地統稱為「光的工作者」。我知道你聽過這個說法。好，當一個光的工作者要開始覺醒的時候，或是在偉大的計畫裡，是**時候**讓那個光的工作者熟悉……噢，天啊！要告訴你這個可能會花上好幾個小時。

朵：好。你認為我們應該……

珍：不，不，你一定要瞭解這個裝置的事，因為它跟牛隻肢解的事件一樣，被誤解了。人類想到自己體內有個**裝置**會害怕，這令人不安，因為他們認為自己沒有了控制，像是成了被控制的機器人。

朵：那是一種想法。

珍：對。而從人類意識形態的立場來看，這很令人擔心。然而，那並不是裝置真正的目的。裝置很像是顆種籽。你們有那種按時釋放的維他命。好……裝置主要有兩個目的。第一：要能夠（雙手一拍）……這麼快速地跟那個個體連結。就像如果你把嬰兒丟到泳池的十呎深地方，個體有可能陷入某個情境，因此有必要非常快速地連結他們，好保護他們的身體不受到傷害；這是因為跟他們互動的能量的緣故。覺醒中的個體會經歷幾種心理過程。我們說「覺醒」，實際上倒不盡然。但當一個人知道自己被綁架後，他所經歷的心理歷程有時會引發很大的恐懼。我們不想造成恐懼。所以這些既是監控的裝置，也是讓我們能夠調整的方式。一個接觸的管道，一個非常……

她有困難解釋清楚，我則是擔心錄音帶快要到底了。

朵：我想我們快沒時間了。我想我們必須下次再繼續。

珍：當然。

朵：我必須在這裡停下來了，但主要的問題就是調查員是不是也被監看和觀察？

珍：他們是被監看和觀察，不過不是因為不信任。是為了保護他們。

朵：好，我想我們今天就到這裡了。這個能量好像也影響到了這個載具，她的體溫起起伏伏。我可以再來找你說話嗎？

珍：我們很遺憾看到你要離開，因為我們還沒對你充分說明裝置的事。不過你以後也會知道。知道這件事對你非常重要，因為你將會遇到一個很害怕（裝置）的人。你會開始遇到更多誤解這個概念的人。

朵：好的。不過現在我們快沒時間了。我也不想有任何資料是我的小機器沒錄到的。下一次我可以從這個主題開始。到時我們會有充分的時間來完整說明。這樣可以嗎？

珍：當然。

錄音帶錄完了。這次的資料好多，差點超出長度。在我下指令引導珍妮絲恢復意識以前，這個存有說了幾句我沒錄到的臨別字眼「阿洛基艾（Alokei，發音像是：Ah-low-key-I或Ah-low-key-a）」。聽起來像是外國話。我問他是什麼意思，他說類似「再會」。所以我也向他道別。接著他說他會離開，好讓我把珍妮絲帶回來，但他警告我不要太快，要非常緩慢地，很溫和地引導。

轉換發生得非常迅速，我可以分辨出那個存有什麼時候離開，然後珍妮絲回來。就在回來的那瞬間，珍妮絲開始哭泣，激動地說自己不想離開。我必須給她冷靜的指令，並說服她我們以後還會回去，她才肯配合和放鬆。

珍妮絲在引導下恢復了完全的意識，但有點昏沉，過了段時間才下得了床。至少熱的變化已不再困擾她。這個現象似乎跟那個存有的能量有關，在他離開而珍妮絲恢復意識之後，熱也就散去了。

珍妮絲對催眠過程沒有多少記憶。我對她說明了部分經過，她很感興趣，但像是第一次聽到那些資料。她跟著我唸出那個奇怪的臨別字眼，但說那對她完全沒有意義。她發現自己哭過，但無法瞭解跟那個存有接觸為什麼會讓她那麼感傷激動。她完全無法置信。

第十章　外星人的山中基地

在和珍妮絲合作的期間，我在小岩城又發現一個有趣個案。一位名叫琳達的女子提供了不同類型的資料，內容收錄在我的另一本書《迴旋宇宙序曲》。我希望能跟這兩位合作，所以一個月後，也就是一九九〇年的一月，為了繼續琳達和珍妮絲的故事，我專程前往小岩城，並再次借宿在朋友派西家。我沒有安排任何演說，希望能在沒人知道的情況下停留當地，這樣才能把所有時間都用在琳達和珍妮絲的催眠工作上。

當然，情況沒有照預期走。一位參加了我十二月演說的男子打電話給我，說他有個問題，需要接受催眠治療。於是我把他安排在週五晚上，那會是在我連開了四小時車之後。我預計週六跟琳達進行三次催眠，週日和珍妮絲也進行三次；我覺得把整天專注在同一個人身上，工作起來會比較有連續性。這是我第一次這麼嘗試，我想只要能固定這麼進行，或許可以把一個月的工作壓縮在一天之內完成。我並不預期這麼做會有問題，因為我認為她們只會覺得在一天裡小睡了幾回。我想比較困擾的應該是我，因為我是那個要一直工作而疲累的人。如果這樣的方式對我或對方來說太過辛苦，以後我就不會安排得這麼緊湊。我只是想試著在幾天的時間裡盡可能完成多一點工作。

週六與琳達的催眠雖然進行到很晚，但成果相當好。我跟珍妮絲週日的第一次催眠在早上十點左右開始。派西外出了，好讓我們能在屋子裡不受打擾。我因為前一天和琳達工作了一整天，之後又和順道來訪的客人閒聊，所以很晚才睡，有一點疲累。但現在我專注於找到十二月那次催眠透過珍妮絲和我對話的存有。

我使用珍妮絲的關鍵字，她很快就進入了出神狀態。由於我沒有得到如何聯繫跟我說話的那些存有的明確指示，我必須想辦法找到他們。我指示珍妮絲到有可能聯繫上曾跟我們說話，或是應該要跟我們談話的存有的地方，以便繼續上次的對話。我知道她的潛意識會帶她前往適當的地點，於是我開始倒數，並問她看到了什麼。

珍：我什麼都沒看到。
朵：你有什麼感覺？
珍：問候和歡迎。
朵：你知道自己在哪裡嗎？
珍：不知道。這個地方有點空。

事後回想，這聽起來很像是諾斯特拉達穆斯所在的特殊地點。那裡灰灰的，沒有任何形式和物質。

珍：（聲音突然變了）你好，歡迎。你來是要繼續我們上次的對話？所以你想知道什麼呢？

朵：我現在聯繫到的是上次和我說話的那位嗎？

珍：是的。

朵：我以為你可能很忙，會派別的人過來。好，上次我們討論了植入物，就是放置在某些人類的頭裡或身體裡的小裝置。正談得深入的時候，我卻必須結束催眠。你說你還想告訴我很多事，讓我們瞭解這些裝置的目的。你想順著這個方向繼續說下去嗎？

珍：事實上我相信我們已經結束對植入裝置的討論了。不過，當時你關心的還有另一點，就是再適應。我們知道你對這是怎麼運作的有些瞭解。

朵：請你說明，也許我會瞭解那是什麼。

珍：對我們來說，這是加速分子使它們的速度到達光速的簡單程序。接著轉移就能輕易在兩地發生。不論是在兩地還是單一地點，都可以做到。

朵：讓我想想我是不是明白你的意思。你說的是當一個人從地球被帶上太空船的時候嗎？

珍：嗯，那確實是用這種方式進行。

朵：還有使用其它的方法嗎？

珍：將能量從地球的某一點傳送到另一點。

朵：這麼做的目的是什麼？

珍：平衡星球的能量。

朵：那使用的能量是從哪裡來的呢？

珍：能量來自於——你們的措辭會是「力量」源頭，但那事實上是遍及全宇宙的宇宙能量流。它只是被用來為星球帶來平衡。有部分的能量是透過太空船帶來的，有部分不是。

朵：為什麼這個能量必須被傳送？你說是為了平衡，但為什麼需要平衡？

珍：因為你們現在正處在毀滅的邊緣。

朵：我不知道人類是否意識到這點。我們知道地球開始發生許多變化。你說的是這個嗎？

珍：是的，這就是我的意思。過去三年（一九八六——一九八九），你們一直在毀滅的邊緣，所以你們的星球透過不同系統在維持平衡方面得到了協助。這是因為你們的星球對宇宙和其他宇宙來說是位於關鍵位置。我相信你們很難理解一個小小的地球為什麼會對別的宇宙那麼重要，但這是全局的問題。隨著地球摺疊（folding-in），往內產生褶皺作用，其他行星和宇宙會因為它們的原子結構也一起跟著毀滅。因此在另一個層面上，地球非常重要，她的不被毀滅也是。

朵：你說「地球摺疊」是什麼意思？

珍：（一直清喉嚨）跟你對話的這個人的身體必須進行調整。在這個時間點我們不太能適應她的身體形式。請你耐心等候，我們正在調整和適應。（停頓一陣之後）地球摺疊的意思是：如果你取地球核心的中心點，然後想像地球可以往內捲，進入自身內部，你就會明白我們所說的摺疊。地球只要摺疊就會毀滅。因為當地球周邊捲入地球的中心時，就會產生毀滅性的爆炸。因此，就如你們的《啓示錄》所描述的，地球被火毀滅，這是你們人類認為將發生的事。然而，這事實上是物理層面的事，因為在摺疊的區域，地心中央的內部空間會擴張，當擴張到一個程度就會發生爆炸，進而對太空和宇宙其他銀河造成漣漪效應。其他銀河也發生過類似的情形。你們只是在你們的銀河重複歷史。

朵：我以為摺疊是一種崩塌。

珍：也可以這麼說。只是我們不是這麼看。地球表面事實上是會崩塌，就像目前的情況。這是為什麼我們會和你們星球特定地點的特定個體合作。為的就是將地球表面目前發生的地震的影響降到最低。

朵：地球在崩塌嗎？

珍：那(指地震)是一個徵兆。

朵：我知道地表板塊正在變化和移動。

珍：變化、移動和摺疊。

朵：我一直認為這就是導致一些地震的原因，而且這個現象還沒到達劇烈的程度。

珍：摺疊就是造成地球變動的原因。

朵：這個情況似乎很難停止。(她大嘆口氣)這麼說好了，很難控制。

珍：事實上，因為正在發生的電磁場形態，我們透過那個電磁場重新平衡能量。能量和特定地塊的異化作用(譯注：指大分子轉化分解為小分子並釋放能量的過程)有關。換句話說，那些地塊正在磨損。這是你們一般的理解。

朵：所以你們無法停止地震，你們能做的是試著把損害降到最低？那是你們在努力的事嗎？

珍：那是我們正在做的事。人類會有進展。就停止地震而言，我們並沒有立場介入和做這件事。雖然這有可能發生。

朵：可是你們在送能量給地球並維持平衡，我認為你們是想防止地震發生。

珍：盡量減少。

朵：盡量減少它們的影響？

珍：減少部分的影響。你們大概會說我們的工作是兩難。我們要人類的注意力放在需要注意的地方，但顯然唯一能達成這點的就是災難，而且規模要大到能動搖人類的根本，讓人類意識到自己的星球並不是不會毀滅。因此，制止地球變動發生會對重新調整人類意識的目的造成阻礙。所以我們不會停止事情的發生，但我們已經在協助把影響降到最低。現在，你們必須瞭解的是你們星球位置的重要性。如果這些事有部分發生……這跟人類意識的振動頻率有關。我了解這個概念——意識會影響到你們星球的具體存在——對你們來說很陌生，然而，這中間是有直接的關聯。它不一定表示一個地區的意識因為在很低的層次或是被錯誤使用的狀態，那個地方就會發生事件。變動有可能是因為發生在地球另一端的事件所導致，跟災難的發生地完全無關。

朵：我們人類並不習慣認為我們的意識會影響到一切。

珍：這是為什麼你們的意識正在影響一切。

朵：因為意識被誤用。好，我聽說所有這些地震還有火山活動，都是地球變動的前奏。

珍：我認為變動是不可避免的。

朵：它真的會發生嗎？

珍：我個人在這個時候相信會發生，是的。我們之所以涉入是想替人類爭取時間。要知道，你們的事件和磁極的轉換並不是非發生不可。然而，由於地球人類的本性，你們就像是往一條死巷裡開去，你們不會掉頭回去，你們一個勁地朝終點開，但終點卻是一道磚牆。因此，我們所做的只是在減緩你們的速度。

朵：你認為地球的變動現在已經發生了嗎？

珍：是的。

朵：沒有辦法完全防止它發生嗎？

珍：是有方法防止它發生，然而我們不相信人類會選擇那條路。

朵：你看得到將會發生什麼事嗎？你有接觸這個知識的管道嗎？

珍：我已經告訴你會發生什麼事了。

朵：我的意思是當變動真的發生的時候。

我對這方面很有興趣，因為當時我正在寫《與諾斯特拉達穆斯對話》三部曲，而地球可能的變動正是那三本書的主要內容。

珍：你說的是磁極轉換而不是你們星球的毀滅？

朵：是的，那是兩種不同的情境，不是嗎？還是可能性？（是的。是可能性。）磁極轉換是兩者中比較輕微的嗎？

珍：磁極轉換只是路線圖上的一個點。它不會改變路線的……

朵：的什麼？（沒有回答）你的意思是另一個（指毀滅）是最後的結局還是……？

珍：在你們現在的時間點上是結局。

朵：我曾被告知有兩個可能性。而地球的爆炸或內爆，不論你們怎麼稱，那都是比較極端的情景，但它不必然要發生。

珍：兩者都不是一定得發生。但它們會的。（嘆氣）

朵：可是磁極轉換不會影響到其他星球，不是嗎？

珍：重力流（gravitation flow）會有一些改變，能量線則會完全反轉，因此還是會影響到其他星球。

朵：你知道磁極轉換的過程嗎？我對地球的實際變化很有興趣。那時人類會發生什麼事？

珍：你說「人類會發生什麼事」，你問的是什麼？

朵：我想知道那時候地球表面的實際變化，還有會對地球上的人造成什麼樣的影響。

我總是利用每一個機會確認諾斯特拉達穆斯所看到的可能事件。

珍：你們目前看到的是磁極轉換的一些初步影響。季節變得難區分。地球上還有很多各種不同的事在發生，這些事應該會引起你們的注意，你們留心看看就會知道磁極轉換事實上已經開始了。還是你們不知道？

朵：我曾被告知這點。我知道氣候表現得很怪。

珍：這是為什麼你們有「自然界怪象」的說法。

朵：我對五大洲會發生什麼事很好奇。

珍：這要看實際的磁極轉換發生時，地球振動速度的情形。要看還發生了什麼災難，因為整個地球可能有意想不到的變化：變成完全不同的區塊。海洋可能消失，你們的地形或許重新改變，因此亞洲不再是亞洲。

朵：我在想兩極會融冰，會帶來更多的水。

珍：會有更多的水，水會往下流過歐洲，再往下流到其他國家，改變國界。除了地震，還有別的事會一起發生。那是為什麼我說你們現在所知的世界將不再是你們所知的世界。美國可能整個成為歐洲的一部分。我的意思是不會再有……把你們的地圖丟了吧。你們將會有新的哥倫布。你們將乘船出去發現新的世界。你們的歷史會重新上演。

朵：那我們現在所知的文明會發生什麼事呢？

珍：文明會很大程度的倒退，由於將會失去的科技，你們會在某個時候重新開始文明。

朵：可是那會是地球上的所有地方，還是只是某些地方？

珍：會很像你們失落的文明雷姆利亞和亞特蘭提斯。那些地方失去科技的時候也經歷同樣的事。所以你可以從這些地球變化，還有對失落大陸的認識中得到些線索。因為有些大陸將會消失，連帶的，所擁有的科技也會消失。

朵：我想最困擾我的就是想到我們會失去一切，必須要再重新開始。

珍：那是人類學習的唯一方式。

朵：所以我才在想，會不會有部分地方仍能保有他們的科技。

珍：亞特蘭提斯消失的時候，有部分地區的科技是保留了下來，但那個科技的發展程度和層次都跟失去的無法相比。因此，就某個意義而言，一切是又重頭來過。

朵：那麼還是會有部分地方保有科技。我真的不願去想會失去一切。我想這是我的人類天性。

珍：就像我跟你說的，你們人類似乎要失去了一切才會學到。你們去拉斯維加斯，賭上所有的積蓄，然後才學到教訓。

朵：（笑聲）沒錯。我最近聽到很多關於地球變動的事，所以才問這麼多問題。

珍：改變的程度將會是河流不再是河流。你想知道的是這方面的事嗎？

朵：是的。我想知道實際上會發生什麼情況。

珍：如果你看著你們的地圖，然後想像密西西比河是閉合的，也就是在原來密西西比河的地方不會再有那一條線，那會是一大片陸地。然後，你們將會有完全不同的大陸，這要看到時是怎麼分隔的。原本是河流的地方將不再有河。你問的是這個嗎？

朵：是的，所以到時候地形將會完全改變。（沒錯。）我猜那時會失去很多生命。（是的。）你能看到事情會是怎麼發生的嗎？

珍：就跟目前發生的方式一樣。有些陸塊將會消失。你們有城市是在河邊，因此當河水氾濫，沿著河邊的城市有可能全部淹沒。發生時會有很多地震。你們會預先得到將要發生什麼事的警告。地震的結果只是一個……（很長的停頓）

朵：什麼？

珍妮絲停了很久，然後深深嘆了口氣。她的聲音輕柔而含糊，但聽起來像是在說：「你為什麼要打斷？」

朵：什麼？（停頓很久）你說什麼？（停頓很久，沒有回答。）你那邊發生了什麼事嗎？

那個存有離開了，珍妮絲回來了，但她很困惑。「有狀況。」

朵：是你還是說話的人？還是發生了什麼事嗎？

珍：是他。我不知道他在哪……他去哪裡了？有狀況。

朵：好。讓我們看看能不能把他找回來。也許他被叫走了還是什麼的。也許是通訊中斷。

珍：我不知道是怎麼回事。我好像看到一條線，就……突然斷了。

朵：讓我們看看能不能恢復談話。也許他們可以調整到另一個頻率或其他他們會使用的方式。顯然連結不知怎地斷了，我於是下指令，試圖找到他或另一個在別的頻率的存有。

珍：我看到一場會議和……我聽不到他們在說什麼，但我看得到他們。他們不在我旁邊。他們在另一邊，那邊。(手勢)有更多人在跟這個人說話，他在點頭，但他說……我聽不清楚他們在說什麼。他旁邊有六個人。

朵：他們是什麼樣子？

珍：他們穿著袍子。像是王室的袍子，只不過他們看來不像國王，沒有皇冠之類的東西。我不知道要怎麼形容。袍子很寬鬆，前面和兩邊都有大大的寬帶子垂下來，很漂亮的材質。我正在看這場會議。

朵：他們的身體看起來是什麼樣子？

珍：(訝異)他們看起來像人類，可是看來很老。

朵：有皺紋還是什麼嗎？

珍：是啊，有些皺紋。可是他們看起來很老。真的很老。

朵：你知道是哪一位在跟我們說話嗎？

珍：知道啊，他背對著我站著。他們圍成了一個圓圈。

朵：你在哪裡？

珍：我在一間大房間裡。這個房間很白，看起來冰冷。我聽到嗡嗡聲。

朵：房間裡還有別的東西嗎？家具還是什麼物件或任何東西？

珍：有啊，不過和我們的家具不一樣。看起來比較像是內建在牆上的椅子。我的意思是，它們不是椅子。它們是牆壁的一部分，是彎的。

朵：像某種長凳嗎？

珍：對，比較像是長凳，但我想他們不這麼叫它。

朵：房裡還有別的東西嗎？

珍：有一些螢幕……在那裡。（她指向她的右邊）大電視螢幕。很巨大。

朵：螢幕是開著的嗎？

珍：沒有。（停頓）現在有人進來了。那邊有扇門。（她指向她的右邊）

朵：那個人看起來跟其他人一樣嗎？

珍：是啊，除了他有長長的……有點像是頭髮，可是我不知道那是不是頭髮。他們看起來都很和善，不像那些有大眼睛的。每個人都停了下來，轉向他，兩邊各排成一排。現在他走到前面，面向他們。他們在做這個。（手勢）

朵：把手放在心上？

珍：嗯。他做那個動作，然後他們點點頭。噢，現在他們朝著一張桌子過去。

朵：你能知道他們在說什麼嗎？

珍：聲音像是被關掉了，但我可以看到他們的嘴巴在動。

朵：可是你仍然聽得到嗡嗡聲？

珍：聲音像是在我的腦袋裡。現在他們圍著桌子坐下了。他在一頭，其他人沿著兩邊坐。他們在傳一些紙張。哦，不是真的紙。是某個東西。（突然間）噢！噢！

朵：怎麼了？

珍：好。現在他們打開螢幕了。（大吸一口氣）不同的東西在閃動。畫面變化得很快。有水。很多、很多的水。就像在看一個放得很快的電影。（停頓）噢！那看起來像是……一座山。我知道那是什麼。那是在哪裡？那裡有一張山的照片。（停頓，像是在觀看。）他們在談……（輕聲說）等一下。到這座山就停了，這座大山。那是座很漂亮的山。坐在主位的那個人現在站起來，指著他們其中一個。不是那個和我說話的，是在桌子左邊數來在他旁邊的第一、第二……第二個人。他指著螢幕說……他在說什麼？唉！我都聽不見，真氣人。我想他們是在談山裡面的事。他們在山裡有個基地。一定是的。（停頓）他要派這個人去那座山。那個人要離開這個房間了。我猜他是要去那座山。

朵：就只有那座山的影像嗎？沒有顯示裡面有什麼？

珍：我知道裡面有什麼。

朵：你是從他們那裡知道的？

珍：我想我曾經在裡面。那裡有一整個世界。

朵：你能從他們那裡知道什麼嗎？

珍：山裡發生了某種問題。那個人應該要去處理。

朵：你說你知道那座山？

珍：是啊，我看過它無數次了。我知道那座山，可是我不知道它在哪裡。我知道山裡有一整個城市，有不同的區域，就跟我們的城市一樣，不過你得搭小太空船進去，從下面那裡出來，經過一排又一排的通道和其他的東西，再進入一個像是電梯的地方，然後進到山裡的不同層。那裡有綠色的區域、藍色的區域，不同顏色的地區。

朵：為什麼分不同的顏色？

珍：因為進行不同的活動。不同種類的訓練。

朵：你為什麼會在那裡？

珍：因為我去其中一個地區上課。你坐在房間裡聽他們說話，然後你就知道一些事。我會去不同顏色的區域。

朵：這是什麼時候發生的事？

珍：哦，一直沒有停過。

朵：你的意思是你現在還會去？

珍：噢，是的。那是個很棒的地方。它就像個城市，不像某些我去過的太空船那麼沒有裝飾。我的意思是，太空船裡給人冰冷的感覺，但山裡面不是那樣。

朵：你去那裡時是帶著你的身體一起去的嗎？

珍：是啊，有時候。要看目的是什麼。

朵：你為什麼不記得去過那座山？

珍：喔，我一看到那座山就知道我去過那裡啊。

朵：我好奇為什麼你不記得。

大約就是在這個時候，新的存有來了。是位女性，但因為聲音沒有戲劇性的改變，所以我過了一會兒才注意到。

珍：因為在某些情況下會發生的事。當你學習他們在那裡教導的東西，如果你把它帶回你的意識，它會干擾到你的日常生活。你會無法以正常的方式運作。然而，適應會在不同的時間點發生，所以你其實是記得的。它對你並不是那麼陌生。但就你的日常意識而言，它的出現會是像一個念頭，這樣你才不會嚇到。然後它會變成你很自然的一部分，像是：「噢，我一直都知道的。」你其實意識上並不知道，但你現在知道你是在哪裡學到的。

朵：當你在身體裡進到那座山，不會有人想念你嗎？

珍：不會，因為我的生活形態常常都是一個人。另一個原因是：在人類時間所認為的一分鐘……你在那裡可以在一分鐘裡度過八小時，因為時間的運作並不相同。

朵：可是那座山在地球上，時間還能那樣子變動？

絲，而是某個非常有知識的存有。

另一個存有大概就是在這個時候完全進入並取代了珍妮絲的意識，因為這個資料不是來自珍妮

珍：是的，因為那裡有時間的交會點。那是為什麼你們會有許多現象出現——你們正在時間的一個交點，連接點上。不同次元在地球和地球時間裡來到了一個交會點，造成扭曲變化，使得人的認知改變，但那個人並不真的知道發生了什麼事，只知道有什麼事情發生了。

朵：他們把基地設在那裡就是因為那裡是其中一個交會點嗎？

珍：對，你看，你們有物理上的能量線，也有時間的交會點……但人類對此一無所知。我的意思是，人類知道有時間的交會點，但不瞭解涉及其中的原理。

朵：那麼有人有可能意外闖入時間的交會點嗎？

珍：噢，是的，非常非常可能。這些事一直在發生。

朵：當發生的時候，人類是怎麼認知的呢？

珍：人類會把它認知為記憶喪失或錯誤。「噢，我一定是忘了。噢，我原本在做什麼？噢，等一下。我想想看。」這就是人類所認為，所感知到的。好，較為發展的人類會**知道**不僅是「發生什麼

事了？」的念頭這麼簡單。他們會有感覺，因為他們的其他感官／感知是高度發展的。他們知道的不只是那些想法，這要看他們發展的層次和去過的課堂的等級，或他們本身進化的程度。有另一整套的資訊轉移到這種人類身上。他們的意識和電磁場，還有與他們一致的所有振動能量，提供了他們另一套知道的方法和另一種學習的方式。

朵：好，聽起來你像是被帶到那裡，刻意經過這些時間的交會點。

珍：那是我同意要做的事的一部分，但不是我可以帶回日常生活裡消化的事情。因為我想要服務人類，所以我被教導了我的意識並不熟悉的吸收和理解的方式。

朵：我想如果一般人碰巧經過其中一個連接、交會的點，那會是一個意外，並沒有意義或目的。這樣說對嗎？

珍：總是會有個目的。只不過一般人經過時，他們的體驗完全就會像我剛剛跟你說的。

朵：這也不一定表示他們是被任何人帶過去的。

珍：沒錯。它代表在一個時間點上，他們正在特定能量和時間連接的一個實際位置，一個實體的地點。

朵：好，你剛剛說這是個基地。是誰在控制這個基地？（沈默，沒回應）我的意思是，不是人類吧？還是是人類？

珍：不，不，不是人類。人類真的不知道這個基地。

朵：是誰在運作這個基地？是誰把基地設在那裡？

珍：它被放在這座山裡，好讓我們有需要時可以出去到人類社會。這是為了人類能進入這座山，也是為了進行我們所參與的工作。

朵：那麼只有被帶去那裡的人類才知道這個基地了？

珍：沒錯。而且很多人根本沒察覺到發生什麼事。他們知道自己去過某個地方，但不見得意識到是這樣的情形。

朵：我很好奇政府知不知道這個基地。

珍：不知道，不知道這一個。

朵：他們知道其他的？

珍：他們認為他們知道。

朵：基地在這裡很久了嗎？

珍：是的，很久了。這座山在那裡……以你們地球的年來說嗎？你是在問你們地球的時間嗎？

朵：嗯，我問的是這個基地在那座山裡有多久了。我知道山一直都在那裡。

珍：哦，基地也是。

朵：那麼久？(對。)我現在是在和一個沒有身體的存在體說話嗎？

珍：是的，你是的。

我只能形容那是甜美和十分女性的聲音。因為這個特質，我才意識到我已經不是在和珍妮絲說話。聲音變化加上顯露的知識程度都指出是另一個存有。

朵：我想也是。我想珍妮絲不會有這麼多資訊。

珍：（她的笑聲有種熱情奔放的特質）嗯，我們沒有要戲弄你的意思。偶爾就會發生這類的替換。

朵：我以為我分得出差別。剛剛是怎麼回事？

珍：哦，阿萊阿桑（**Alyathan**，讀音：**A-lie-a-than**）必須去開會。他被指派了任務，現在無法回來和你對話。

朵：我就想聲音聽起來像是不同的存在體。你說他叫什麼名字？

她緩緩地重複：「阿利阿辛（**Aleeathen**）。」這次聽起來比較像是：**A-lee-a-thin**。

朵：阿利阿辛。我之前試著要聯繫時，沒有名字可以召喚他。

珍：我們對名字並沒有堅持。

朵：我也是這麼想的。但你有時間和我溝通嗎？

珍：我有時間。

朵：珍妮絲有一個印象是基地出了問題，這是為什麼開會的原因。

珍：基地在這個時間點上需要某個那裡沒有的專家層級。所以為了讓一些……我其實不能討論這個，只能告訴你那裡沒有某些層級的專家，於是他就被派過去。

朵：我只是好奇。我問很多問題，如果有些問題不能回答，讓我知道就好。我會想知道那個基地的歷史。你說它一直都在那兒。這讓我很有興趣。

珍：喔，許多東西一直在你們的星球，只是你們不完全知道。

朵：你能告訴我其中一些嗎？

珍：嗯，我可以告訴你有一種通訊的管道是大多數人類——用你們的話來說——「接收」不到的。在你們的語言裡，唯一對等的字是「振動」，不過這也無法適切形容我正在討論的事。有些人類的進化已經到達知道這個超越人類以語言溝通的交流過程的層次。我說的不一定是精神感應。我說的可以是聲音和水流的結合，就像你們已經研究一陣子的海豚和座頭鯨的溝通方式。你知道的，這是人類並不完全瞭解的陌生溝通方法。人類總是在找語言。人類有替事物貼標籤的需要，把所有事物標籤和分類成語言。我們並不是不同意所有的東西都有語言。它們確實有，可是風也帶有訊息。那是出現在你們各式各樣神話裡的東西。你們會聽到孩子們說他們對風說話，卻永遠不會聽到大人說他們對風說話。然而，風卻是很真實的溝通管道。

朵：聽起來像是某些印地安故事。

珍：印地安人跟大自然非常調諧一致。你認為印地安人是從哪裡得到知識的呢？他們全都跟幽浮和宇宙能量非常調諧。基地那時候就在了。所以我才跟你說它一直都在。

朵：有意思。你可以告訴我那座基地一開始為什麼會建在那裡嗎？

珍：基地一開始會建在那裡是因為……事實上那座山可以被視為宇宙的中心。你知道，我們非常堅持和要求平衡。而事實上我們之所以把基地建在那裡是和你們星球的轉軸有關。你們應該會以為我們會把基地放在北極，不過那裡並不是地軸旋轉的中心。

朵：可是基地建好後，地球到現在已經發生過許多變化。

珍：是有變化，不過中心不會變。

朵：我以為地球已經位移過好幾次了。

珍：地球是移動過。但在次元上的作用來說，這個特定中心並不會改變。

朵：你至少能告訴我它是在哪個大陸嗎？

珍：不行，我現在不能說。

朵：是因為你認為有人可能會發現嗎？

珍：時機不對。

朵：我想的是不對、不合適的人可能會發現基地。

珍：現在就是不能討論這個主題。

朵：但為什麼它是那麼久以前建的？

珍：那是在地球剛開始時就有的，就如你們聖經所說的：「起初……」。它不是進化來的，不是隨著你們的星球進化而來的。

朵：我一直認為每件事都有個目的，有個原因。

珍：它的確有原因。事實上有好幾個原因。其中之一是：那是給人類中類似珍妮絲的個體所使用的地方，這些個體都達到了特定的層級，並且同意以自己的能力提供服務，就像珍妮絲一樣。那是個**安全**的地方，也是讓個體進一步發展天分的地方，很像你們觀念裡的學院和大學。它事實上是這個世界裡的一個獨立自足的世界。

朵：但如果它是那麼久以前建造的，那時候地球上還沒有人類，不是嗎？

珍：沒錯。

朵：這是為什麼我質疑在那裡建基地的原因，畢竟當時還沒有人類。

珍：有沒有人類跟基地與其他次元、星系、行星及更廣泛的事物無關。

朵：我懂了。你要對我有些耐性。我有很多的問題，其中有些八成聽起來很幼稚。

珍：我們瞭解。

朵：這是我學習的方式。有個想法一直在我腦裡打轉：我曾經去過那裡嗎？

珍：事實上你曾經去過，但不是這輩子的事。

朵：嗯……那麼是在我的某個前世。

珍：是的。你認為你為什麼會做你現在做的這個工作？

朵：我以為只是因為我很好奇。

珍：啊哈！這個嘛，不完全正確。

朵：你知道原因嗎？

珍：你是過來人了。所以你知道這是為什麼你現在會受到吸引。因為你的個案經歷過的大多數的事，你自己也經歷過。因此你聽到時才會覺得那麼熟悉。

朵：你的意思是我收到的資訊？

珍：對。這些資訊不會嚇到你。

朵：對，不會。這點讓很多人都覺得驚訝。

珍：你覺得驚訝嗎？

朵：它引起我的好奇心，所以我總是想知道更多。

珍：你想要記得更多。你不是想知道得更多。你已經知道了。(語調帶有調侃)

朵：(笑)但我沒有被嚇到很令人訝異。

珍：如果有人催眠你，一定很有意思。

朵：我做過回溯催眠，不過沒有找到這類事。重點是，如果觸及的是負面的，我想會讓我害怕。

珍：為什麼你要把「負面」這兩個字帶進這個對話呢？我們什麼時候談到負面事物了？你認為這是負面的嗎？

朵：不，我不這麼認為。我說這是為什麼我沒有害怕的原因。我說我想唯一會嚇到我的，大概就是挖掘或觸及到負面的事物。

珍：任何次元的生活並不是都平靜順利的，因為你必須有「好的和壞的」，就像你所熟悉的地球。因為這樣才會有進步。

朵：你認為這是為什麼我會有研究的動力？（指曾經歷過類似的事）

珍：我當然這樣認為。

朵：我似乎是想找到失落的資料，讓這些資訊重現。

珍：是的，不然你想你怎麼會意識到它是失落的？它失落的時候，你或許就在場？我是因為你稍早對科技失落的關心，才想過來跟你說話。

朵：喔？因為對我來說，失去那些東西是不幸的事。

珍：是不幸的事沒錯。但也只有像你這樣的靈魂才會關心這些。你在努力重新建構，這是個偉大的工作。

朵：這一切聽起來都很有道理。那當我在那裡的時候，我是有身體的嗎？

珍：你是在身體裡，因為那是你其中一個前世。

朵：我很慶幸政府不知道那個基地。我想他們造成了一些問題，不是嗎？

珍：是的。這是為什麼他們永遠不會知道這個基地。

朵：你能告訴我他們發現了哪些基地嗎？

珍：我真的不能。

朵：我是在想他們導致的後果，如果他們造成了問題。

珍：確實有過一些問題。所以我們乾脆搬走了。

朵：整座基地？（是的。）我和一些人在合作研究幽浮，他們認為政府和外星生物在一個基地裡工作。

那裡進行了很多我們不想聽到的事。我不知道這有多少是真的。

珍：那不是我們這個族群。

朵：我想他們提到政府有個地底下的基地，外星人也在那裡。

珍：外星人確實去過政府的地底基地。但那不是外星人的地底基地。

朵：那麼政府也有一個。(是的。)外星人是被邀請過去的嗎？

珍：對。他們想要我們參與一些實驗，他們想要我們展現一些科技，但後來他們用在錯誤的地方。當然，這很自然地被怪到外星人的頭上。人類會為了使用不當或誤用而負責嗎？現在回想，那些技術或許永遠不該交給他們。

朵：我可以明白人類並不想為此負責。那是哪種技術？

珍：不同的醫療程序。我們分享了一些遺傳學。你們有些先進的醫學成就就是因為這個分享。第一個人類心臟移植的例子……是克利斯蒂安・巴納德醫師嗎？(譯注：Christiaan Barnard，世界上第一位進行人類心臟移植手術的外科醫生。)

朵：我想是吧。

珍：好，那你想他是從哪裡知道這個做法？

朵：你是指有意識的？

珍：潛意識的，但想法進入了他的意識。他從來沒發現自己其實不是這個手術的發明者。

朵：但這是正面的事。

珍：有很多正面、有幫助的事都是來自我們的分享。不過這個經驗也有像是你們俗語說的不好的一面。發生了一些不是太愉快的事。

朵：你能告訴我是什麼事嗎？

珍：我可以告訴你有些實驗是人類自己臨時起意的。他們從我們這裡學到了方法，想要改進，但那些技術實際上已是無法被改進的。於是發生意外。然後他們要我們來解決混亂。可是……唉！

朵：哪種意外？

珍：我可以告訴你，有些人死了。但除了告訴你失去了一些人類生命外，我不會討論發生的事。你知道了，就是有些生命因此消逝……任何過程都會有意外，如果沒有準確地照程序去做，有時意外就會發生。所以當一開始，對某件事要怎麼執行出現歧見，而人類卻要繼續時，我們就只是退後和等待，因為我們知道結果會是如何。當人類不聽勸，就會有意外發生。所以，或許人類只有一種學習方式……這真是個悲劇。我跟你說，這是個悲劇。

朵：這些事情是在基地發生的嗎？

珍：在人類的基地發生的。

朵：你也談到基因實驗。你指的是這個嗎？還是別的？

珍：是別的。

朵：你能跟我說說嗎？

珍：我可以告訴你其中一個實驗的結果，其他的就沒辦法說得很詳細。

朵：沒關係。我都好。

珍：我可以告訴你，試管嬰兒就是在這個基地發展出來的。

朵：但那是好事。

珍：有很多好事。因為我是透過這個載具跟你說話，對於跟你說其他的事我會很遲疑。這個特定的載具，珍妮絲，由於她的敏感程度，她可能會體驗到那些事（指隨著說明）。就算她的身體沒有經歷，那些進入她心裡的畫面也會在她的意識裡，因為是透過她溝通。我們已經努力消除了一些她曾經目睹的畫面。

朵：很多和我合作的人都有同樣的問題。他們太敏感，當看到一些情境，他們也會感染那些情緒。

珍：對。就像我早先和你討論過的，這種特定的動能的溝通——譬如，珍妮絲能夠跟樹葉、風、太陽和元素（elements）交談。她因為這麼敏感和調諧，她能夠成為那些事物，原因就是她的細胞和靈魂（soulular）的層級……你知道我在說什麼。

朵：太陽的（solar）層級，太陽？（譯注：因發音類似，作者以為是solar）

珍：不是，是靈魂的（soulular）。

朵：靈魂。你的意思是內在的靈魂？

珍：我說的是在分子的狀態下，最純粹的能量本質的狀態。那些分子和特殊的相互作用所留下的印記並不容易分解。分解不是我想用來對你解釋的適當字彙。我想說的是她一旦體驗到，由於她的形態，那個特殊體驗永遠不會消失。她會受到很深的影響，所以我們能做的是她回去時，讓那個體驗進入意識裡另一個點，而不致影響她。

朵：這聽起來很熟悉。和我合作的人裡有位年輕男子，他認為自己可以像看電視一樣去看這些事。但它們帶有太多其他的殘餘效應。

我說的是《地球守護者》中的個案菲爾。我在《與諾斯特拉達穆斯對話三》透過他跟諾斯特拉達穆斯聯繫，但看到的景象對他造成很大的情緒問題，所以我必須中止和他在這項計畫上的合作。

珍：個體一定得了解殘餘的效應才會知道要如何處理。那是個過程。可以做得到，只是不是一開始就可以做到。

朵：他很敏感，不想看到任何負面事物。

珍：他的發展會在某個時候到達……這很類似小孩的學習。小孩是先學爬，然後才學走。在觀看這些事件的過程中，他可以到達一個能做這件事而不會被影響的層面。但他此刻的進化程度還做不到。我和你討論的實驗也是。在這個時候珍妮絲也做不到，因為她的敏感度。我們觀察到了這點，因為我們曾經讓她處在一些情境，以便評估她體驗這些事的程度。好，你的下一個問題是：「用什麼方法？」我們是怎麼知道這一點的？

朵：你們怎麼知道個體能處理什麼？

珍：對。我們怎麼知道個體能處理什麼？舉例來說，珍妮絲的朋友可以看恐怖電影，但她不行。

朵：我也不行。

珍：珍妮絲曾經開車時，看到路上有一隻動物被輾死，或因其他原因以致於那隻動物死了。她不敢看，這告訴了我們她沒辦法看那樣的場景，因此個體的每個清醒時刻，人生裡每個跟我們調諧一致的時刻，對**我們**來說都很重要，因為我們可以知道那個人的層次或發展的能力。這是我們所謂的「考試」。在你們的學校，你們會用考試來瞭解個體的學習程度。我們不進行坐下來寫考卷的那種測試。我們對珍妮絲的測試是她開車到史密斯堡，目睹特定事故，於是我們知道了她還沒有到達能夠討論實驗的那個時候。我們會毫不遲疑地跟你討論她的經驗和參與的實驗，然而，由於她的殘餘傷害——我使用「傷害」這個字的意義跟你們不同——由於那個經驗的殘餘物會**太貼近**她的日常意識，因此目前我無法跟你討論。

朵：我也不想做任何會傷害到她或造成她不舒服的事。

珍：她是非常堅強的人，只是她還沒有準備好要接受和處理某些事。

朵：我也不看恐怖電影或類似的東西。但如果有什麼是這個世界需要知道的，我會願意把它們寫下來。即使我不喜歡那些東西。

珍：是的，你也在進化。你每做一次這些催眠，就越能發展出那種感知……能夠處理比較……我找不到能夠形容的字……

朵：我一直想到「負面」。這些事情是負面的。

珍：在你的參考系統中，是負面的沒錯。然而，在這個特定時刻，我們會對你說，你需要專注的跟負面無關，因為美國政府負面宣傳了許多對外星人不利的事。因此你做的工作是經過構思的，是經過了你自己的思考，為的是能用真實的方式呈現外星人。這事實上是我們跟你合作的原因。

朵：是的，因為我不相信所有我聽到的恐怖故事。

珍：是有一些恐怖故事。我不會跟你說沒有。

朵：我有個感覺，我是在和一位女性存有說話。這個感覺正確嗎？

珍：是的，是正確的。

朵：聲音聽起來不一樣，像是不一樣的人出現。

珍：珍妮絲一直想聯繫我，所以我來了。有時在她做過一些調整後，我會和她在一起。

朵：第一個和我說話的那位似乎相當機械化，像是機器人。（我說的是小灰人）

珍：事實上他當時只是必須同時參與兩個事件，所以傳輸才會那麼快停止。他無法適當地維持與你的溝通，同時間又參與另一件事。

朵：那是第二個和我說話的存有。我和他說話時，他有一種非常權威……

珍：不，他權威的一面是在另一個事件。

朵：但我透過這個載具第一次接觸到的是一種很機械的類型，非常像機器人。

珍：你的問題是什麼？

朵：他們好像都不一樣。

珍：這是因為跟珍妮絲合作的能量並不僅一種。

朵：第一位無法瞭解我問的許多問題。他比較像機器人。

珍：第一位不是機器人。但就你對「機器人」這個字的觀念來說，可能也沒錯。他只是不同類型的存在。

朵：他似乎是……嗯，不是人類，這是我唯一可以解釋的方式。

珍：就你對「人類」這個字彙的觀念來說，這也沒有錯。但就我對「人類」的感受而言，他很人類。

朵：但他不是不同類型的嗎？

珍：是的，非常不同。來自這個層次的類型跟你接觸是為了讓你知道，首先，你聯繫上了宇宙能量。如果傳輸的聲音太像你所謂的「人類」層次，有時候你可能無法察覺。就像你認為自己現在是在跟一個人類形態的存在說話，其實不是。

朵：不是嗎？（不是。）我對你的感覺非常好。

珍：喔，我是個善良的生命體。你覺得是機器人的那個小灰人也是。他是善良的生命體。他只是跟你認定的人類形態完全不同。

朵：你能告訴我你是哪種生命體嗎？

珍：我跟你上次對話的能量模式是相同的生命體。我是對應、互補的能量。

朵：什麼意思？

珍：意思是，我是之前跟你談話的能量的女性面。

朵：你有身體嗎？

珍：有，我有。

朵：你的身體是什麼樣子？

珍：在哪方面？你想知道我用人類的詞彙會怎麼形容自己，還是你要我對你描述我的生活？

朵：喔，我不認為我現在有足夠的時間來探討這全部。我只是好奇你的身體是什麼樣子。也許我們下次可以談另一部分。

珍：嗯……我的身體看起來很像是……（似乎覺得很有趣）我有一張臉，人類有的我都有。如果我到了地球，你們不會發現差別。

朵：可是你說你不是人類。

珍：我是人類，但我不只是人類。

朵：你的意思是更高度進化？

珍：能量狀態上更進化，在身體方面也是更高度進化。

朵：你可以多說明些嗎？

珍：我的眼睛看起來……嗯，我不知道你是否會說是「東方的」，不過它們不是。你問問題的時候，我很難用我所在地方的參考系統做比較。所以我必須重新適應，然後告訴你我不是個高大的人。我的皮膚是奶油色。我的面色清澈發亮。我的手是……我有人類的雙手。我看起來像人類，但我不是。我的眼睛會洩漏我的身分。

朵：你有頭髮嗎？

珍：有，我有。是紅褐色……深色的。以你們的說法，不會認為是黑色。是介於深褐色和黑色之間，帶點紅色。

朵：如果我下次再來，有辦法跟你說上話嗎？

珍：如果是該我來的時候，我就會來。你要知道，當你和珍妮絲合作時，你也會跟別的存在體討論事情。所以這要看你是在哪個點，哪個時間過來，而在那個時候需要給你些什麼資訊。所以要跟我說話的話，如果是該我來的時候，我就會……在這裡。

朵：好，我想再多問一個問題。因為我開車必須開好一段距離，所以我試著在一天裡替珍妮絲做好幾次催眠。這對她的身體不會有問題吧？

珍：不會，不會有問題。我可以回答這個問題是因為我的專業領域跟身體形式有關，和你或許會稱為「醫學」領域裡的心理學有關。你可以說在你們的參考架構中我是個醫師，不過這個字不足以描述全部的我。因為我的專業領域不限於人類的身體，也跟行星有關。

朵：我不想做任何會讓她疲累或傷害到她的事。

珍：她不會累。我會跟你說的，如果發生這種事，我們會告訴你，所以不要把責任擔在自己身上。我們會告訴你，幫助你做決定。

朵：那麼我想再過幾分鐘就要叫醒她了，我們會先休息幾小時再回來。我以前從沒有在一天之內做上幾次催眠，我不想讓她累壞了。

珍：她有一個可以重複更新、令人訝異的能量庫。她恢復精神的力量是非常、非常強大的。

朵：那麼我在我們這裡的幾個小時之後會再回來，繼續聯絡你或是可以來的人。這樣可以嗎？

珍：可以。我可以對你說「祝你平安」嗎？

朵：我很喜歡你的陪伴。

珍：我也是。我們會再見的。

我接著請這位存有離開，並要求珍妮絲的全部人格回到她的身體。當珍妮絲顯示回來的跡象後，我便帶她回到完全恢復意識的狀態。

珍妮絲醒來後，心裡有個醫生的影像，她想形容她的樣子。她說那個醫生很美，有一頭深色長髮，用一個金屬髮帶往後紮起。描述到髮色時，珍妮絲偏好用「紅褐色」形容。她的外表令人難忘，眼睛絕對是最顯著的特色：深綠色，形狀不完全那麼東方，它們讓珍妮絲聯想到埃及牆上的古畫，人們的眼睛周圍有一圈深色的化妝墨強調眼睛的輪廓，眼線畫到眼尾處便往上揚。然而，在醫師的情形，那就是眼睛的外觀，是實際的形狀，並不是用化妝品描繪出來的。這讓我不由得猜想，古埃及人是從哪裡得到這樣妝化眼睛的想法。他們是不是有可能真的看到了這些外星存在體，而想要模仿他們的美和獨特的外觀？

我後來和珍妮絲出去買漢堡，對話也轉為生活裡的平常事務。在進行第二次催眠之前，我們先回到外在世界一小段時間。

第十一章　能量醫師

用過午餐，休息了幾個小時後，我們在大約下午三點開始第二次催眠。我使用珍妮絲的關鍵字，她很快就又進入深度的出神狀態。我下指令，試著找到同一位存有。這次，在我倒數完後，珍妮絲發現自己不在太空船上，她反而是飄浮在太空中，不確定要去哪裡，也不知道要找什麼。在給了更多的指令之後，她看到一道光。「有一道聚集的光，它的範圍很大，像眼睛裡的瞳孔，但它是光。我還沒有穿越它。我如果不是在光裡面，就是它籠罩了我的臉。我的身體感覺怪怪的。有狀況發生。」不論是什麼狀況，躺在床上的她顯然有明顯的身體感受。「光的顏色變了。我的頭感覺好怪。」不用說，她的安好是我的第一考量。我下指令，消除她的身體感受，並問她附近是否有誰可以跟我們說話，向我們解釋那道光的目的。

珍妮絲似乎凍結了，除了專注在那道光上，什麼也沒辦法做。「我看不到光的後面。我想有別人也在這裡，可是我沒有辦法不去看那道光。」她不斷深呼吸。「光像是在做些什麼。那是非常強大的光。它在等某個東西，我不確定是什麼。」這個情況持續了幾秒，我指示她穿越，但她沒辦法。「我像是被暫停還是怎麼了。……我需要穿越那個光。」

朵：你想穿越嗎？

珍：我想是吧。光現在就在我的臉上。

朵：我不要你做任何會讓你覺得不舒服的事。好，如果你進到光裡，那會是什麼感覺？

珍：一朵雲。像蒸氣。它讓我的身體感覺好奇怪。不是發麻，可是很像剛睡醒的時候腳會有的感覺。你知道，就是那種怪怪的感覺。我現在全身上下都是那種感覺。光的周圍有時候會有個邊緣，光集中在一個中心，外面是一塊暗暗的區域。這個光會移動，它朝我過來了。很漂亮，是彩色的，現在看起來像蒸氣，但不是蒸氣的顏色，是暗色的，可是不會感覺邪惡。感覺不錯，感覺很好。

朵：你穿越光了嗎？

珍：我不知道穿越了沒有。我看不到它，或許我就在光裡。我的身體現在不覺得怪了。剛剛的感覺真的很奇怪。我想我以前也這麼做過。我現在知道它是什麼了。那是第一階段。人就好像溶解了(咯咯笑)。有那麼一秒鐘，我的感覺就像個溜溜球。你知道的，嘣嚶嘣嚶！(咯咯笑)

朵：好，無論如何你現在沒事了。讓我們來找找附近某個可以回答問題的人。(停頓)有人在那邊嗎？

一陣尋覓之後，有個存有回答，反而嚇了我一跳。這個聲音輕柔、甜美又溫和，珍妮絲肯定是離開了。

珍：你想知道什麼？

朵：喔，第一個問題：那個光有什麼意義？

珍：那是接觸的管道。

之前的那位女性存有的確回來了，她帶有情感的甜美聲音很容易辨識。

朵：它讓珍妮絲的身體感覺好怪，有點困擾她。

珍：它確實會讓身體感覺怪怪的，但很能撫慰她的心理狀態。那也是同時在兩地旅行的初步階段。

朵：你是不久前和我說過話的那位嗎？

珍：是的，就是我。

朵：我說過我們一會兒就回來。

珍：可是我現在已經不在你們離開我時候的位置了，因此你們找到我的情況不太一樣。

朵：喔？這是為什麼這次比較困難的原因嗎？

珍：這跟簡單或困難無關。這只是改變時空中對應的相關點。

朵：那麼我們這裡的時間和你體驗到的時間並不一樣？

珍：沒錯。這就是珍妮絲體驗到的部分情形。她體驗到了那個轉換，因為就在她對你說明的時候，她也經歷到身體感受的變化，還有時間和空間的轉換。這樣的轉換一定會在身體上產生某些感受。用你們的詞彙來說，就很像是你們認為的生命暫停的狀態。你瞭解這個詞彙嗎？

朵：瞭解。我相信那是時間停止的地方。

珍：那個情形很類似進行轉變時一定會發生的事。意識在轉變的時候，有時會引發身體怪異的感受。

朵：好，我只是好奇，在我剛剛的那段短時間裡，對你們來說是很長的一段時間嗎？

珍：請再說一次好嗎？

朵：我的意思是，從我剛才跟你說過話後，到現在的這段時間。

珍：噢，是的。你說的是以你們的時間來說大約一到兩個小時。(是的。)在我的時間裡，我已經完成一年的工作了。所以，你知道的，一定有一次轉換發生。

朵：當我說我幾個小時後就回來，我並不知道你必須等那麼久。

珍：是的，我繼續過我的生活，就像你們繼續過你們的生活一樣。

朵：這對我來說有點難以理解。嗯……上次跟你說話的時候，你在形容自己，你問我是不是想知道你是怎麼生活的？我當時擔心說明會花上太久時間。現在你能跟我說說那方面的事嗎？

珍：你有特別想問的問題嗎？還是你希望瞭解我大概做些什麼活動？還是你想知道我的童年？你要從哪裡……給我起個頭就行。

朵：你先大略描述一下，然後我可以問問題。

珍：在我的日常活動裡，我參與對你們星球進行的各種不同任務。我的工作主要跟珍妮絲參與過的一些實驗有關。她和我很熟，因為我們共事不只一次了。我很瞭解地球的科學。如同稍早前跟你說的，在你們的參考架構或系統裡，我可以被視為醫師。但在我們的文化，醫師並不只限於醫學領域。相對於一般或專門醫學，我們將我們的教導和專業與生命體的整體整合在一起。就跟你們會去找腎臟專科醫師一樣，我們是系統專家，這包括了所有的系統，也就是生理、心理、分子結構——我可以一直說下去——地球科學結構、通訊結構系統，還有這些系統在次元間的相互關聯等層面。

朵：聽起來非常複雜。你一定很聰明。

珍：(謙虛的口吻)喔，我被認為是有才能的。

朵：你是住在太空船上，還是會往返你的星球？

珍：我會往返我的星球，但我也有都住在太空船上的時候。有些時候我會被指派到一個基地，就跟阿利阿辛稍早被派去基地一樣。這是為什麼我現在在跟你說話，因為我是跟珍妮絲合作的外星能量團體的一員。

朵：你也和其他人合作嗎？

珍：我的確也和其他人合作。我們有人在你們的星球上，他們可以說是我們的責任。

朵：我很好奇你家在哪裡。

珍：我的家不在你們的銀河系。

朵：但你說你可以往返來回？你是怎麼做到的？

珍：用超越光速的方式。

朵：我們總以為光速已經是極限了。

珍：所以你們才無法進行跨次元的旅行。

朵：因為我們的侷限。

珍：正是如此。

朵：你的家鄉是個實體的星球嗎？

珍：它是個實體的星球，是的。

朵：你們吃東西嗎？

珍：我們有不同種類的食物。在你們地球的花園裡，你們替每樣東西貼上標籤，我們不需要這麼做。所以我們不把某個橘色蔬菜叫「胡蘿蔔」。

朵：但你們吃食物的方式和我們相同嗎？

珍：我們會吃食物。由於食物的結構並不相同，我們的食物跟你們也不一樣。換句話說，我們那裡沒有動物被當作食物。但我們的存在有不同狀態，很像你們的寶寶需要喝奶才能長大，當我們還是孩子的時候會吃一種東西，等長大成人，我們學習存在於……我們不吃地球上稱為「傳統」食物的東西。

朵：可是你們吃東西的方式是不是和我們一樣，也有消化道嗎？

珍：我們雖然有消化道，但跟你們的完全不同。

朵：你們有呼吸系統嗎？

珍：有，我們有。

朵：循環系統？

珍：有，我們有，但只是傳統的字面意義。

朵：什麼意思？

珍：我的意思是，當我們在我們的星系和我們適應的環境時，這些系統的運作方式跟我們去到地球時不同。這當中有很明確的差別，差別在於不論是在哪個環境，我們都是雙結構、雙系統，而這些系統有不同的作用。跟你們的系統相比，你們的消化道只有一個功能，也只有一個作用方式，我們的則不是這樣。

朵：你的意思是你們的系統會根據你們的所在地方來調整？(是的。)你們也會依空氣或食物裡，或其他東西的成份來調整嗎？

珍：是的。那是為什麼我們可以來到地球並且住在地球而不被發現。

朵：你的意思是住在基地裡？

珍：或是你們之間。

朵：你不是說你會被注意到？

珍：只有能意識到這種差異的個體才會發現。

朵：你說過你的眼睛可能會洩漏你的身分。

珍：一般人不會注意到。

朵：那麼你們一定有很強的適應性。

珍：是的，我們是的。我現在對你描述的只是一種一閃而過的辨識。意思是，你可能在街上、餐廳或別的地方，跟我們其中一位擦肩而過。而在那秒的接觸中，你的知曉系統——像珍妮絲這樣的個體會辨識得出——就像是認出了家人，很像媽媽沒看到就能認出自己的小孩，是那樣的辨識。而地球個體可能在發生時感覺到那個瞬間，但不見得會產生連結。就像是：「我**知道**那個人。他不太一樣。」

朵：我有過那種感覺。

珍：只有高度敏感的個體，還有參與過辨識課程的人認得出來並且不被影響。因為他們把這當成實相來接受。這也是兩個實相的混和，因為他們在地球層面時也跟別的次元互動，所以他們比較容易接受。一般人則永遠不會想到還能參與別的實相。

珍：沒錯。那麼其他外星人沒有這個適應力嗎？

朵：有些沒有。外星生物的類型包羅萬象，不同種族有不同的系統，就像地球上有許多不同種族一樣。有些對某個種族來說很獨特的事物，對另一個種族卻不是如此。你稍早前提到的機器生物，就跟我們的經驗或我們星球上有的東西完全不同。

朵：他的所有系統嗎？

珍：對。他和我們運作的方式不同，他不吃食物。

朵：他靠什麼維生？他的營養從哪裡來？

珍：他不需要食物就能活。

朵：他一定有用什麼當作能量？

珍：（大嘆口氣）我會努力試著解釋給你聽。那個機械的存在體是機械性地運作，所以他裡面是……措詞！有需要翻譯的詞彙。（停頓）或許這樣解釋好了，你們把電池插到機械設備裡，機械就能運作。當這種個體到你們的星球互動，他是加了燃料的。這可以被解釋成一種特定的，比較電子類的能量。

朵：那麼他比較像機器。（是的。）這是不是表示他是別的生命所創造出來的，而不是……我想到的是人類是以生物的方法創造人類。他是被別的生物像製造機器那樣造出來的嗎？

珍：他不是被造成機器，因為他不是機器。他是個生命體，只是不同類。他來的地方就是他那類生命體存在和生活的地方。

朵：他們怎麼繁殖？複製彼此嗎？

珍：這跟他們那個地區的電（electricity）有很大關係。「電」這個字不對，因為那是來自一種能量狀態。

朵：他們需要複製自己嗎？

珍：不需要。他們就像我們或你們一樣複製，只是他們的性對你們來說不是性。

朵：這就是我想知道的。如果某個東西像機器——我知道這大概不是正確的比喻。我想的是也許他們不會死，那麼他們也不必創造更多同類出來。

珍：他們會死。

朵：那麼他們在這方面就像普通人。

珍：在這方面。就他們會死的這點來說，對，他們是的。

朵：所以就會有更換的需要，只是是用不一樣的方式。嗯……我能問你們這個類型是怎麼繁殖的嗎？

珍：我們有兩種生育的方式。（停頓）喔，我不覺得我現在應該討論這個。可是我可以告訴你，其中一種方式就跟**你們**一樣。

朵：為什麼你們有兩種方式？

珍：因為兩個程序所產生的類型不同。

朵：我聽過有些存在體是雌雄同體。

珍：沒錯。

朵：我對這些不同尋常的事一直都很好奇。（要問對方顯然不太願意討論的主題既困難又棘手）但如果你不想討論，那也沒關係。

珍：這不是不想討論；這比較是沒有討論的權限。

朵：好的。每當我問了什麼你無法回答的問題，就跟我說。我把我想問的很多問題都寫下來了，不曉得你能不能給我資料。我想知道的其中一個跟**我們**太陽系的行星有關。你有這方面的資訊嗎？還是你是在不同的領域，是嗎？

珍：我會有一些你要的資訊。我可以告訴你火星曾經有過生命，就如你現在所知的。

朵：曾經有過？

珍：一度有過。

朵：那是在地球有生命之前的事嗎？

珍：那是在地球上有現在這種生命之前的事，對。

朵：那些文明有多先進？

珍：非常先進。火星一度——在大氣改變之前，它是跟你們的星球非常相似的行星。不過，一個災難事件造成巨大的改變。於是那個生命，就如現在所知道的，在那個星球上絕跡了。這並不是說現在那裡就沒有生命。只是你們看不到而已。

朵：是什麼樣的災難？

珍：兩個行星在某個時候相撞了。撞擊的影響改變了火星的大氣。

朵：他們因此沒能存活？

珍：他們沒能存活是因為他們被燒死了。

朵：那時候生活在火星的是哪類生物？

珍：一種類似你們的生物。

朵：類人類的？

珍：對。他們不論在身體還是心理，都有比你們更進化的系統。他們的社會比你們更先進，彼此的互動更進化。他們沒有你們星球上那些戰爭、謀殺之類的事，所以是比較和平狀態的存在，因為他們的意識是在不同的等級。他們的星球發生那種災難不是他們的錯，你們的星球正在發生的事卻是你們的錯。

朵：他們有城市嗎？

珍：有，他們有城市，你們很可能看得到遺跡。

朵：有人說他們在火星上看到一種現象。那個現象被稱為「火星上的人臉」。你知道跟這有關的事嗎？

珍：知道。那是一個象徵，是在告訴你們，你們的臉曾經在那裡。那表示人類的臉。一種類似你們的生物。

朵：那是怎麼做出來的？

珍：我無法告訴你。我不知道是怎麼做的。

朵：但那是由曾住在那裡的種族所做的？

珍：不，不是他們。

朵：那麼是後來才產生的？(是的。)可是你不知道是誰放在那裡或……

珍：對，我不知道。那是作為象徵。

朵：據說附近還有金字塔。

珍：曾經存在於那個星球的文明跟你們星球上的文明很像。如果不小心，地球就會變成這個太陽系的第二個火星（嘆氣）。現在的情況要很小心處理，這是為什麼現在正進行一些實驗和計畫。

朵：他們認為地球有可能會變成那樣？（對。）可是你說火星上現在有我們看不到的生命？

珍：沒錯。

朵：你可以跟我說說這個嗎？

珍：我可以告訴你，可是我……（態度遲疑，像是我們越界進了禁區。）

朵：很多科學家都想知道這些事。

珍：對。這個……（停頓，遲疑。）我必須徵求指示，看我是否可以討論這個題目。沒有先得到許可，我覺得我不能自由談論。

朵：我不想給你帶來任何麻煩。看看你可不可以說，我只是好奇。

珍：我可以告訴你火星上有文明。

朵：哦？我想的是原始的生命，非常基本、簡單的。比那樣先進嗎？

珍：那裡有文明是因為有殖民地。那裡在進行一些計畫。如果我告訴你有一位來自你們星球的會計師，他和他的家人住在火星上，你會相信嗎？

朵：我相信任何事情都有可能。不過他需要有適合的大氣形態和環境。

珍：沒錯。

朵：我想火星並沒有可以讓我們生存的大氣。

珍：跟你們人體系統目前的發展程度並不符合。你們不可能像在地球表面一樣地生活在火星表面。

朵：那麼那些城市並不是在火星表面，對嗎？

珍：對。

朵：那些是被災難燒毀後的文明遺跡嗎？

珍：有些是，有些不是。

朵：那麼有些人確實生還下來了？

珍：有些是的。

朵：那麼其他城市是由到那邊建立殖民地的生物所建造的嗎？

珍：沒錯。

朵：嗯……那個會計師，他是自己想去的嗎？

珍：(強調的語氣)是的！

朵：我想那是很了不起的冒險，可是他必須要拋下一切。

珍：他確實拋下了一切。

朵：我曾被告知，有時候人類會很難適應，因為環境差別太大。

珍：在一個大氣受到控制的環境裡不會。

朵：有意思。你知道我們正計劃送……我們已經發射了一些東西，不是嗎？那是探測器？我們也拍了照片。

珍：你們美國人往各種不同的方向探索太空。或許你們應該專注在一個計畫上，先完成一個，再進行下一個。

朵：我相信美國人想在火星上設置基地，不是嗎？

珍：他們是想在火星設基地，他們也有考慮其他的行星。他們想在月球設立基地。

朵：我聽說他們想送人上火星。

珍：那會是一項合作的計畫。我不認為美國人會獨自進行。

朵：你認為會發生嗎？

珍：噢，是的。我相信會發生。

朵：你認為現在生活在地球上的人，未來會看到這件事的發生嗎？

珍：是的，我認為會的。

朵：我很好奇他們到了火星後，發現那裡有其他的生物會是什麼情形。

珍：他們不會看到那些生物。他們從沒有見過其他生物。他們看不到。他們要知道還要很久以後。火星上的生命會知道，但美國人、法國人和俄羅斯人不會。

朵：我在想，如果他們降落後發現那裡有其他生命，應該會很震驚。

珍：哦，我們降落在你們的國家一定會令人震驚，同樣的道理，你們降落在其他地方也一定會感到震驚。因為你們的意識無法超越……轉變點。因為心靈的限制。

朵：火星表面有任何生命嗎？

珍：跟你們所知的生命不同。只要你們看待植物的方式還是只有一種：有葉子，是綠色的……人類的眼睛就辨識不出存在於火星表面上的植物形態。你們只用一種參考標準來看植物，但其他到火星的生物會發現、體驗到那裡有植物，因為他們是用不同的參考標準去看。

朵：一旦我們檢查後是不是就會知道了？

珍：不會，因為它並不一樣，它的結構無法跟你們的植物比較，所以你們不會說那是植物。

朵：我想照片也都只有岩石。

珍：對，因為你們對它的認識只是岩石，但岩石也是有差別的。我們因為知道其中的差別，所以跟你們有不同的認知。

朵：那其他的生命形態呢？

珍：我想我已經和你討論過生命形態了。

朵：我想的是在火星的表面，像動物、昆蟲或……

珍：沒有。火星地面上有植物，但沒有動物。

朵：動物是在地面下？(對。)有沒有什麼是我可以辨識或是跟人類一樣的？

珍：有。我跟你說過，有一位來自地球的會計師在被控制的大氣環境下生活。如果他可以在火星生存，你不覺得是有為了讓他生存下來而打造出的同樣大氣和住處嗎？

朵：對，但我想的是火星當地的原有生物，或是災難後就在火星上的生物。不是生活在火星表面下的人為大氣層的生命。

珍：火星內部有的區域還很天然，就像你們國家某些區域仍有原始森林一樣。不過已經在開發了，所以火星的整個界面已不是原始狀態。

朵：那麼仍然有當地土生土長的動物或昆蟲生命存活下來？

珍：活在自然的環境裡。

朵：我以為如果生物是從別的地方來的，他們有可能帶來不同形式的生命。火星有我熟悉的任何動物或昆蟲生命嗎？（沒有。）好，那我們太陽系的其他行星呢？它們曾經有過生命嗎？

珍：其他行星曾經有過生命，沒錯。

朵：哪些行星？

珍：木星，金星。

朵：水星呢？

珍：我不是很熟悉水星的事。

朵：好，我們可以談談金星嗎？

珍：金星曾經有過生命。我現在其實是在對你説明我並不該討論的事。不過，既然沒有收到不能討論的訊息，我就繼續談吧。所以……

朵：你認為有人會阻止你，如果你……

珍：我是這麼認為的，沒錯。

朵：我們長久以來對其他行星是否有生命一直感到好奇。讓我想想，嗯……我相信金星有很厚的雲層。我試著用我知道的事來發問，只不過我知道的不多。金星是什麼時候有過生命？

珍：（停頓，猶豫。）我想我們或許需要改變話題。

朵：好吧。我還想問你木星的紅斑。你能跟我說說嗎？還是這也不能談？

珍：木星是地球可以認真考慮探索的星球。現在這一刻我……請等我一下。

朵：好。我不想帶給你任何麻煩。如果可以談的話，也許有別的人對這方面有更多答案。

珍：有別的人懂得比較多。那比較是屬於他們的專業領域而不是我的。總之……我現在不應該再跟你討論下去了。

朵：你認為懂得更多的人可以來跟我討論嗎？

珍：不是現在。

朵：好。也許我們可以下一次再談。

珍：是的。我跟你說……等等。

她似乎是在和別人說話，她喃喃說道：「是的……好的。」接下來又說了像是別種語言的話。聲音輕柔，很難聽清楚，不過錄音機錄到了。（聽起來像是在說瓦書夏（**Va-shu-sha**）或拉書夏（**Ra-shu-sha**），沒有重音。）她仍然像是在和別人說話，因為聲音很輕，顯然不是在對我說。然後那個語言又出現了。這次聽起來像是好幾個字：天天（**Tem-tem**）？天斯撒威內（**tense –sa-ve-ne**）？說得很快，含含糊糊的，音節可能並不正確。

她的聲音變大聲了，她對我說：「我是要告訴你，地球在行星鏈的位置是最關鍵的。對於產生……」她停頓了一下，注意力似乎又被轉移，她輕聲說：「什麼？」然後又回來對我說話。「地球發生的事會影響你們太陽系的每一顆行星，因此地球繼續存在非常**重要**。」

朵：有人在跟你說要說些什麼嗎？

珍：對。除了我被告知的事情之外，我不能說別的。

朵：我可以問紅斑的事嗎？還是你希望我不要再討論行星？

珍：這個話題之後會再跟你討論。

朵：沒問題。別的人有這方面的資料？

珍：是的，因為要傳遞給你的訊息對於你瞭解木星和它跟地球的關係極為**重要**。

朵：這會稍後傳遞？(**是的**。)

由於這個主題已被封鎖，我決定轉換主題。

朵：我跟其他的存有討論過放在地球人體內的植入物。他們給了我一些這方面的資訊。

珍：你想知道什麼？

朵：每個人的體內都有植入物嗎？

珍：沒有，不是每個人。

朵：只是某些人？

珍：沒錯。

朵：如果這是經過挑選的，這些人又是怎麼被選上的？

珍：這和挑選沒有太大關係，和協議比較有關係。

朵：我在試著瞭解植入物的目的。我相信那是個監控的裝置。

珍：沒錯。在某些情況下是監控裝置。在某些情況下。

朵：那在其他情況下會是什麼呢？

珍：讓我用一件我認為你可以聯想的事來解釋。你們有那種在開刀或手術過後裹上的藥布，它會自動釋放一定量的必要藥物到個體體內。植入物有兩個目的。雖然它的目的並不只兩個，但我可以跟你討論兩個目的。它們被認為是監控裝置，這也是你們理解的用途。同時在某些情況下，它們就像藥布，在恢復期的時候為個體的特定系統服務。

朵：你的意思是個體開過刀？做了手術？

珍：在某些情況。

朵：既然這是你的工作領域，你能告訴我一些關於這個手術的事和原因嗎？

珍：我們討論過系統，而人體內有各式各樣的系統。從循環、呼吸、消化到神經等等。就如我們稍早前短暫討論過的，要看一個人需要什麼形態的演化，可以讓他進展到處理不同的資訊量、振動或大氣狀況的改變。所以植入物不完全都是監控裝置。要看類型而定。

朵：但為什麼要調整植入物？目的是什麼？

珍：這就像你們的緩釋維他命的功能。

朵：這樣他們才能適應世界的情況還是什麼嗎？

珍：他們能夠適應跨次元的旅行，能夠以更快的速度適應分子的重建。這樣的裝置有很多用途，它們可以讓個體在人類層次上適當地理解和適應事情，好能那個人類繼續進行他所選擇參與的計畫。

朵：這些裝置有沒有造成過問題？

珍：偶爾，不過都不是會威脅到生命的問題。當你說「問題」，你要為我定義你所說的問題是什麼。

朵：哦，任何會干擾到身體運作的問題，任何會引起那個人注意的情形。

珍：個體確實時不時地會注意到問題，但不是會威脅到生命的那類問題。我在努力想一個我可以跟你說的比喻，可以跟你們的環境或文化比較的。（思考中）這就像是你給一個小孩蓖麻油（castor oil），小孩吃的時候會覺得噁心，但病痛卻會痊癒。所以說到裝置引起的問題，這要看是哪個系統受到影響，是有可能會有跟植入物功能有關的連結問題。

朵：你可以告訴我其中一些問題會是什麼嗎？這樣我們才能分辨。

珍：那個人可能偶爾會心神不定，也有可能會出現實質的生理症狀。不習慣運動的身體可能會有健走了一百英里的感覺。消化方面可能會有幾種不同的情況。隨著個體調整到越來越高的頻率，他們也必須調整所攝取的食物，這樣較高的振動率才能通過個體。你們將會發現某些人改變了他們的日常飲食，對某些人來說這可能會是個問題。如果你們喜歡吃肉，喜歡抽菸這類的事，那麼你們會有一段適應期。這很像一個人要節食和必須放棄甜食。因此那個人會經歷心理和身體上的改變。

朵：這些是植入物剛放進身體所引起的改變嗎？

珍：不一定。改變有可能在植入物剛放入身體時就發生，但也可能是經過一段時間後才慢慢改變。換句話説，就是你們的緩釋植入物。

朵：那麼植入物並不一定都需要調整？

珍：要的，時不時要做調整。

朵：一定要在太空船上進行嗎？

珍：在大多數情況，如果是在身體上進行的就要。

朵：我想知道消化方面的問題。那是表示胃會不舒服，或是流感類的症狀，還是什麼嗎？

珍：嗯……身體正在經歷改變。或許這就像一個基本上以肉食為主的人改吃水果和蔬菜，他在消化方面就會出現一些症狀，他將會有個清理過程。所以可能會出現腹瀉的情形，如果這是你的意思。所以它確實是跟系統的淨化有關。

朵：所以不見得是因為飲食上的改變所造成，而是因為這些植入物的作用。

珍：植入物會協助影響飲食的改變。所以這是結合了兩者。不全是單個因素。

朵：我明白了。大家都普遍相信這些植入物是不好的。當人們發現身體裡有植入物的時候，都認為自己的身體被侵犯了。

珍：那是因為他們的意識層次還無法瞭解他們所參與的內容。他們也可以選擇不參與。

朵：你是說如果他們不想再繼續的話？

珍：沒錯。

朵：有些人對於被植入東西感到非常生氣，就好像他們的身體在沒有得到許可下被侵犯。

珍：他們會有這種感覺或許是可以理解的，畢竟發生的事似乎並不公平。許多人同意了參與某件事，然後卻發現：「噢！我不想那樣。」嗯……如果他們不願意以某種方式成長，或者說他們的心智能力無法在較高層次的活動領域中進步，他們就會出現這種反應。個體所做的選擇會導致不同的情況，但這是他們的選擇。

朵：這不是有意識的選擇，不是嗎？

珍：對，不是。

朵：但如果他們發現，那就是有意識的了。通常植入物都是在幾歲的時候放進去的？

珍：沒有特定的年紀。

朵：不一定是小孩子的時候？

珍：不必非得是小孩的時候。什麼年紀都可以，因人而異。

朵：我的想法是他們的一生都會被監控。

珍：不見得。有些個體是的。我們現在已經知道，那些一輩子被監控的個體，大多是透過了參與而能轉換到更高層級，並且跟更高層級的能量工作的人。這是從發展的觀點來看。

朵：植入物最常被放到身體的哪個部位？

珍：有好幾個部位。事實上，在把東西放進人體之前，要先進行許多測試。（露出沮喪的表情）我要怎麼跟你說呢？植入物對某些**關鍵**個體是被當作監測裝置使用。植入物的另一個用途是協助個體進行他們已選擇的工作。覺得被植入物侵入或侵犯的人，他們的意識還沒發展到能夠知道或是能被信賴到足以知道完整計畫的程度。他們會經歷一種憤怒感，因為覺得被侵入。如果他們繼續憤怒，那麼他們不是——我不喜歡用「品質」這個字，但我這一刻想不到更好的字來形容他們如果不是繼續在那個憤怒裡，就是要超越憤怒的事實。如果他們持續處於憤怒，他們就會從計畫裡被撤出。因為憤怒也是他們所做的選擇。

朵：或是他們憤怒到說：「我不想你們這麼做。」

珍：那麼事情就不會發生。憤怒也是一個轉換期，因為會有舊的個體在逐漸減少。很多次在提升意識的時候——你聽過這句話：「進步來自於不滿。」所以那些沒努力在意識層面上提升的個體有時候會開始**想要**知道。當他們開始想要知道，**我們**就知道他們能夠，也準備好了要處理下一步。

這樣瞭解嗎？

朵：可以，我可以瞭解。

珍：我們不喜歡這個時期，就像一個動了手術的人不喜歡傷口開始癒合時的感覺。

朵：對，手術後的恢復期。

珍：但那只是我現在想到可以拿來比喻的事。我對於把思考過程轉譯到你們的參考系統有點困難。請包涵我的遲疑。

朵：不要緊。我想重要的是大家要知道這不是侵犯，還有他們不應該感到氣憤。

珍：除了氣憤外，他們感覺不到別的。因為他們的意識層次還無法處理知道真相。

朵：他們認為有人對他們做了很壞的事。

珍：沒錯。他們也只能從那個角度去看，因為他們被你們星球上的媒體影響很大。一個存在狀態完全只為自己的人會覺得受到侵犯，嚴重的侵犯。這是因為他們太融入他們的人性，想到的只有自己。

朵：是的。你說在決定植入物要放在身體哪個部位之前，進行了許多測試？

珍：喔，這要看系統，還要看是哪個系統受到影響，神經系統或循環系統。

朵：有常見的植入部位嗎？

珍：有，有一些常見的部位。有一種監控裝置是放在鼻孔裡。因為它可以透過一條最靠近視神經和大腦的空間放進去。

朵：那類裝置的用途是什麼？

珍：有兩個目的。一個是記錄那個人看到的事物，二是監控用途，因為大腦無時無刻不在傳輸那個人的思緒。我們也把它當作一種通訊裝置。

朵：另一個常見的部位是在哪裡？

珍：另一個常見部位是直腸。

朵：（訝異）喔？不好意思，可是我在想，植入物不會跑出來嗎？

珍：不會跑出來，因為它是放在皮膚裡。另一個常見的部位是耳朵後面。還有一個常見區域是頭底或頭皮。再一個常見部位——或者其實不那麼常見——會是在關節。

朵：像是手肘和膝蓋的關節？

珍：是的，還有手腕和腳踝。

朵：放在直腸裡的裝置有什麼目的？

珍：那個我不能討論。

朵：不能談？好，那麼耳後的那個呢？

珍：人體經絡有許多穴位。植入物放入的位置跟穴位有關。你對針灸熟悉嗎？

朵：我聽說過。

珍：沿著經絡有一些中心點——我們討論過時間的連接點，經絡一樣也有連接點。所以，在電學方面來說，裝置的部位是要看那個人涉及什麼計畫而定。

朵：顱骨，頭蓋骨的呢？

珍：那是監控裝置，也是神經學計畫的一部分。

朵：會影響到那個人嗎？

珍：不一定會影響。就像我告訴過你的，有些裝置的用途是通訊。個體和……（遲疑）外星能量之間有不同形態的通訊。因為……

她的聲音有點遲疑，好像在聆聽什麼。接著聲音變得更輕柔，跟她對我說到行星時中斷的情況一模一樣。

朵：有人在跟你說什麼嗎？

珍：對。我的左耳現在有個很高音調的聲音在傳訊息給我。

在珍妮絲的頭的左側邊有張桌子，錄音機就放在桌上。我看不出有什麼關聯，因為室內非常安靜。

珍：這是一種從遠距離跟我溝通的方式。

朵：噢。不是在我現在在的這個房間裡。

珍：不是，你聽不到是因為你和我並不在同一個地方。那是我的人彼此溝通的方式。就如我跟你說過的，我正在接收資訊，雖然我不一定要知道資訊的內容。

朵：你的意思是，資訊會自動進到你心裡？

珍：資訊會透過高音調的聲音傳送給我，我如果沒有告訴你內容是什麼，那我就是正在接收指示。

就在我們說話的時候，有兩個程序正在進行。我一邊跟你溝通，一邊也有訊息傳達給我。

朵：有什麼是我需要知道的資訊嗎？還是完全是給你的？

珍：如果是你需要知道的，我們會討論。現在我並不知道是什麼。

朵：好的。我剛剛是對腦底的植入物很好奇……

珍：（打斷）對，我原本在和你討論……（深吸一口氣）在討論植入物的不同目的——就像我告訴過你的，它們使用在每個人身上的方式並不都是一樣的，所以，在珍妮絲顱底的植入物，到了某個叫約翰或什麼的人的顱底，用法可能又有不同。有的只是調諧裝置。我所謂的調諧是把個體調整到他需要專注的地方的方法。而對我們來說，那是一種影像的資料來源。

朵：我向來很仔細，所以才會問這麼多問題。我想有時候這會很煩人。

珍：我不覺得煩。我只是必須要謹慎，因為我被告知不能自由討論所有我想和你討論的事。

朵：好，那別的植入物呢？你說有一些是放在身體的關節裡。

珍：對。如果你去想人體的經絡，想著地球的能量線，想著一個人位於能量線上，而體內的經絡跟地球的能量線是相對應的，那麼你就會瞭解我參與的其中一個能量轉移計畫。我可以跟你討論一部分，不過不能說細節。我可以告訴你，特定裝置在宇宙計畫的特定階段更有必要。而如果那個人決定要繼續參與，他並不見得需要那些植入物。

朵：他們不需要植入物？

珍：偶爾會有需要，但只在進化人類身體系統以及振動需要調整的時候。

我克制不住自己的好奇心。

朵：你可以告訴我，我的體內有沒有任何植入物嗎？你看得出來嗎？

珍：（停頓）我現在沒有找到，但不代表你沒有。

朵：我不知道你有方法可以……

珍：（打斷）我有方法。如果你同意，或許我可以掃描你的身體。

朵：可以，只要不會不舒服就好。（尷尬地笑）我只是好奇有沒有。

珍：（停頓許久）我沒有發現植入物。

朵：沒有嗎？好。因為有時候我的頭顱底會覺得不舒服，所以我好奇是不是因為植入物的原因。

珍：我不認為那是植入物。我相信那是你的腦部正在進行分子上的改變。

朵：有什麼我需要知道的事嗎？

珍：你真是個好奇的女人。

朵：（笑）我絕對是的。或許這就是我被選來做這件事的原因。（笑聲）

珍：我可以告訴你，跟你配合的這些能量……為了讓你能做你正在做的事，你跟他們合作一定會受到某程度的影響。好，你的頭顱裡所進行的任何調整，都是為了讓你能繼續做你現在的工作，所以它或許會變得有點劇烈。

朵：我曾想過也許是因為有植入物，所以會不舒服。

珍：(打斷)哪種不舒服？

朵：噢，有時候……不是全身痛的那種，而是局部的持續性的痛，就像脖子和肌肉酸痛那樣。有時會刺痛，不過不會持續很久。所以我想知道。

珍：或許應該檢查你的頭頂。

她檢查的時候停頓了很久。接下來的情況出乎我的預料。其他存有對我做的掃描會讓我的身體有種刺刺的感覺，但事後我總是當那或許是想像力作祟，因為有可能是我太過專注於進行中的事。之前替珍妮絲催眠時，我的頭頂曾感覺到輕微的熱或振動，但是很短暫，也沒有覺得不舒服。這次我以為感覺會很類似，但卻強烈得多。我的頭頂突然覺得很**熱**，彷彿有盞高溫燈或類似的熱源直接對著頭頂。這不可能是我的想像。這個感覺持續了幾秒。我大聲說：「噢！我覺得燙。」然後我緊張地哈哈笑出聲來。熱是熱，但不會不舒服，我也不認為那個存有會傷害我。

朵：(停頓很久之後)有東西嗎？

珍：就算以前有過植入物，現在也沒有了。不管那個植入物的用途是什麼，它都已經達成目的，因為你的腦部活動增加了。

朵：那麼你認為可能曾經有過植入物？

珍：有可能。不是**我**放的。那不代表它……

朵：你檢查的時候，為什麼我會感覺那麼熱？

珍：我在看裡面。

朵：噢。那麼我確實是有腦的。（笑聲）那個感覺很怪。

珍：（溫和親切的口吻）你知道的，我可是得到了你的許可。

她說的沒錯。我既然同意讓她檢查，自然不能抱怨那個熱度。我只是不曉得感覺會是那樣。我注意到時間不多了。

朵：我想我又必須離開一會兒了。我今天還想再做一次催眠，因為我是開了很久的車才到這裡的。

珍：是的，我知道。你在做的是件好事。能夠持續下去是好的。我們透過她能夠跟你討論很多重要的主題。我們希望有辦法能用更方便的方式……

朵：在我能更常見到她的地方進行。（是的。）但是當我來這裡找她的時候，如果我一天可以做幾次催眠，就會很有幫助。

珍：這樣你就會有連貫性。

朵：只要我沒有精疲力竭，或是對這個載具做了什麼造成她不舒服或傷害的事。

珍：不會的，就像我先前告訴過你的，她受到完全的保護。我覺得我們還有其他更重要的主題要討論。

朵：我會努力想出一些主題。再過幾小時我就會回來，我是指我們這裡的時間，也許你能夠想到一些我們可以討論的主題。（好的。）只要有題目，我就問得出問題。（笑聲）

珍：有可能不會是我……

朵：（我沒聽到她說的話）也許我可以做筆記，看看能不能想出一些問題。等我回來，看看可不可以再跟你聯繫上。很謝謝你跟我說話。收穫很多，這些資料很有啓發，也很重要。我想我們有不錯的進展。

珍：祝你平安。

朵：謝謝你。

接著我引導珍妮絲恢復完全的意識。

這次的催眠結束後，我們下樓和派西共進晚餐。用餐時，我注意到珍妮絲兩隻手掌的顏色似乎怪怪的，不過不是很明顯，看起來像是手沾到了報紙的油墨。這個現象並不明確，沒有到需要討論的情況，只是她下樓後根本沒有機會去拿報紙或任何這類東西，所以我很納悶是怎麼造成的。在用完餐和閒聊了幾個小時之後，我們決定進行最後一次催眠。她的狀況似乎還不錯，我才是越來越累的那一個，不過我已下定決心要完成這件事，反正晚點一定能睡，休息過後就能啟程返家。我們已經討論過問題，也列了一張表。珍妮絲想知道的其中一件事，就是她早上醒來時常會明確感受到自己睡著時去了別的地方，或是做了某種工作。她的問題是：「我晚上睡覺的時候都在做什麼？我有在做什麼事嗎？」

最後一次催眠是從晚上七點半還是八點的時候開始。我們在十點過後結束了這一整天的工作。即使結束了，我們也還繼續聊，直到珍妮絲回家。那是忙碌的一天，如果再把我跟琳達緊湊疲累的前一天也算進來，這個週末都在辛勤工作，然而得到的資訊讓這一切都非常值得。

第十二章　珍妮絲見到外星父親

吃過晚餐，休息了幾個小時之後，我們在那晚大約七點半到八點之間開始最後一次的催眠。我們列了一張可能要問的問題清單，結果卻沒有用到。

我使用她的關鍵字並下指令，珍妮絲立刻發現自己身在一處美麗但陌生的地方。她坐在一個像是禮堂的大房間裡，沿著弧形牆面是一層層的座位。淺綠色的牆，還有裝飾著粉綠、粉藍和桃紅色的拱門。層層階梯往下延伸到室內的中央。當室內地板打開，有張像桌子的東西出現時，珍妮絲嚇了一跳。她這時突然有步下階梯走向桌子的衝動。這裡依然沒有別人，但房間卻揚起了美麗的音樂。她不確定是什麼樂器，她從來沒聽過這樣的音樂。

在催眠過程中，個案有時會沉浸於對周遭環境的描述，因此催眠的進行會變得非常緩慢。這時讓場景往前發展便是催眠師的責任。我不斷試著引導珍妮絲往前到有人進來的時候。但她並不急，她很享受充滿音樂的美麗環境。她像是在等待什麼事還是某個人。

珍：那邊有扇門，我好像在等什麼。（深吸一口氣）噢！啊！有人進來了。（顯然在對某人說話）你也是。

朵：什麼？

珍：有人說：「歡迎，平安與你同在。」所以我說：「你也是。」他現在在移動。

朵：有很多人進來嗎？

珍：是啊，有些人在門口。我並不覺得害怕或什麼的，我只是不曉得會發生什麼事。有些人在我剛進來時的那一層。這裡像是禮堂，也可能是有包廂的劇院。他們在上面，有些人跟我一起在下面這裡。他們在彼此交談，不過我不懂他們在說什麼。

朵：他們看起來是什麼樣子？

珍：不是每個人都一樣。我的意思是，有些人看起來……（遲疑，有點不自在。）像那些奇怪的傢伙。還有些人穿著袍子，然後……（似乎有點沮喪）我不害怕，他們在彼此交談，我真希望我能聽得懂。

朵：他們不是同類型？

珍：對，有些是不同類型。第二排有個矮個子。下面這裡有個穿袍子的男人。但他們很和善。他們在談話。我沒來過這個房間，不知道這裡究竟是什麼情況。

朵：這裡沒有人長得跟你類似？（沒有。）你眼中的自己是什麼樣子？

珍：我就是我。我只是在這裡。我只是在等他們跟我說我該做什麼。

朵：我在想你是不是在身體裡？

珍：我看得到我自己。我看得到自己。

朵：跟你在身體裡看到的自己一樣嗎？

珍：(停頓)不盡然。但我知道是我。——我想知道我在這裡要做什麼。

朵：你能在心裡問他們嗎？

珍：我試試看。(停頓片刻)他們要問我一些問題。

朵：噢，他們要問你問題。有意思。一直都是我們在問問題。你對回答問題有什麼感覺？

珍：沒問題。他們似乎在等某個人來。(停頓)我真希望他們就直接問了。

朵：你能夠往前。與其等候，不如我們加快到他們在等的人進來的時候。(停頓)那個人現在進來了嗎？

珍：還沒。(停頓幾秒)他現在進來了。他人非常好。他在摸我的頭。感覺很酷。

朵：他是你曾經見過的人嗎？(她點頭)他是誰？

珍：是我小時候常來找我的人。

朵：你還是小女孩的時候，常有人去找你？

珍妮絲開始哭了起來。她非常激動而且啜泣著說：「對。」

朵：你為什麼哭？這件事讓你很難過嗎？

珍：不是。我很高興他在這裡。就好像是我爸爸來了。

我試著讓她恢復平靜，但她仍然放聲大哭。看得出來那是令人激動的重聚。

朵：你說你小的時候他常來找你？

我必須讓她開口說話，這樣她才能停止哭泣。

珍：對，他照顧我。他是……（再度克制不住情緒）……就像我爸爸。

朵：你對他有那樣的感覺？

珍：對，他是我爸爸。

朵：你真正的父親？（對。）你怎麼知道？

珍：我知道我對他的感覺。你知道他叫我什麼嗎？

朵：什麼？

珍：（激動）女兒。

朵：你認為他是你真正的親生父親？（對。）不是在你成長時在家裡的那個爸爸？

珍：不，不是他。他們是不同的人。

朵：好。他要問你問題嗎？

珍：嗯。他來是要問我問題。

朵：我聽不到他們説話，所以你能先告訴我問題是什麼再回答嗎？

珍：(仍在哭泣)如果他讓我這麼做的話。

朵：問問他可不可以。

改變來得非常突然，像是按了什麼開關一樣。原本她一直在哭，情緒激動到很難回話。當她再開口時，卻變得截然不同。沒有情緒了，淚水止住了，聲音則明顯是男性。第一個透過珍妮絲説話的男性存有聽起來很有威嚴，像是位老先生，現在這位聽起來也有些年紀，語調成熟世故，更有威嚴。

珍：如果提問適當的話就可以重複問題。

朵：好的。因為除非你告訴我問題是什麼，不然我聽不到。我最在乎的是她的安好。

珍：我也是。

朵：她再見到你非常激動。

珍：可以理解。我看到她也很激動。

朵：我很好奇你們有沒有情緒。

珍：我們就像你們一樣有情緒，特別是對我們自己人。

朵：很好。所以你接下來會問她問題，讓我也能聽到？

珍：有些問題是屬於內部的，我們不被允許跟你討論。我們正在珍妮絲工作發展的一個關鍵時期。我們發現自己處在一個重要的階段。很多人在這裡向她學習。我們問她的一些問題對你來說會很世俗、平常。

朵：所以這會是在兩個層面進行？

珍：沒錯。為了這場你可能稱作會議的活動，我們已經把代表都找來了。珍妮絲的人生，在她的地球人生，有時會需要有我們所謂的「交流」，也就是跟她的起源互動。所以這不僅是問答，不只是你會想到的問與答，也會有能量的交換並且強化任何她覺得需要強化的事物。

朵：既然在兩個層面進行，那麼你們可以默默在心裡問她問題，然後再問其他能讓我聽見的問題。這樣可以嗎？

珍：可以。我不確定這要怎麼進行，因為這是我們第一次嘗試讓另一個人類在場這樣的聚會。我們認為這很重要，不然不會用這種方式跟你聯繫，畢竟這不是正常的程序。

朵：我很感謝。如果我在問答上能幫上忙，我會很樂意用我有限的知識提供協助。

珍：有時候個體只是需要加強力量。

朵：你想開始問問題了嗎？

珍：你要瞭解答案不一定是對你有用，而是對聚在這裡的人。

朵：沒問題的。我很想知道他們對什麼感興趣。

珍：他們想知道巧克力牛奶是什麼味道？

朵：（好奇怪的問題，我覺得真有趣。）巧克力牛奶是什麼味道？這是個好問題。

珍：在她回答的時候，有些人就能體驗到。——她正在回答。

朵：我可以聽到她在說什麼嗎？我們可以那樣子進行嗎？

珍：我想不可能那樣進行。她和聚集在這裡的成員正在交流。那是一種交換資訊的方式，也是她所做的服務的一部分。她這一生都在提供這方面的服務，身為她父親，我經常在她身邊，但我無法長時間停留，也不能頻繁地過來跟她互動，這是為了避免引發你剛剛看到的情緒反應。那是她跟我分開的感受。對珍妮絲來說是很激動的體驗。

朵：她媽媽有參與育種的實驗嗎？

珍：她的出生跟一般概念不太一樣。

朵：哪裡不一樣？

珍：我沒有權限告訴你。

朵：這我尊重，但我在想，如果你是她的親生父親，那麼有可能是用不同的方式進行。這是我為什麼問的原因。

珍：那是在性行為的時候以不同的方式完成。

朵：是跟你還是跟她叫爸爸的那位？

珍：和她叫爸爸的那個人。

朵：所以可以用那樣的方式？

珍：就某方面上來說，在某個時間點上是可以的。

朵：我以為必須要在實驗室的環境下才可以。

珍：不一定。

朵：你們有很多我不曉得的能力。那麼她在成長過程中，你時不時會陪在她身邊？（是的。）她知道嗎，潛意識裡？

珍：是的，她一直都知道。但不是在她平日的意識。她偶爾會經歷到你目睹的那些情緒，但跟她在地球的父親無關，是跟我的探視與互動有關。這造成了痛苦，所以我不再那麼常去看她。

上集第五章的法蘭也有過這種童年時與「真正的」父親相處的經歷。

朵：是的，這會很讓人困惑，尤其是對一個小孩來說。

珍：多少會讓人困惑，這也讓她的孤獨感和回家的渴望更強烈。

朵：所以你不那麼常來反而比較好。

珍：是的，但我會在她人生中不同的關鍵點出現。

朵：那麼你是來給她力量的。

珍：沒錯。

朵：好，當她解釋巧克力牛奶味道的時候，他們是不是就會嚐到味道、氣味和所有一切？（是的。）

這樣一來他們就能體驗到了。

珍：沒錯。

朵：很好。他們還有別的問題嗎？

珍：他們有很多問題。有些事他們不瞭解，所以會一再問同樣的問題，希望有不同的答案。

朵：還是說是得到一個他們能夠瞭解的答案？（對。）那些是什麼問題呢？

珍：我們會對你說明聚集在這裡的這些人對地球的認知。他們不瞭解暴力，因此問她的問題會和試著瞭解暴力有關。如果你瞭解他們的進化程度，你會知道這是他們成長的一部分，也是一次具有教育性的體驗。因為他們的環境，以及他們在地球上進行的特定任務而所接觸到的某些事令他們很困惑。他們的困惑在於他們不瞭解暴力。他們不瞭解痛苦。人類怎麼能繼續待在這樣的循環裡呢？

朵：我想重要的是讓他們知道並不是所有人類都瞭解暴力。

珍：這個我知道。但聽一個跨次元的生命體怎麼說會有幫助，而不是我或某個人在那裡對他們說教。

朵：他們應該聽聽有經驗的人怎麼說。

珍：跨次元的人。

朵：他們的家鄉都沒有暴力嗎？（沒有。）以前有過嗎？（沒有。）我以為或許以前有過，只是他們已經進化到更高的層次了。

珍：從來沒有過。他們甚至不知道暴力這個字，不知道它的名稱，更別提理解暴力了。

朵：他們體驗得到痛苦嗎？

珍：當他們看到某個人類殺了另一個人類時會感到痛苦。因為他們無法……看到或知道生命形態發生那樣的事，這超乎了他們的想像範圍。他們無法對另一個同類做這種事，他們無法理解人類怎麼會對人類自己這麼做。他們知道我也沒有經歷過，也不曾在那類環境生活過，所以我無法解釋，而且怎麼解釋他們都無法接受。

朵：可是這對真的生活在那樣環境裡的人來說更難理解。他們知道痛苦是什麼感覺嗎？

珍：不是同樣的感受。

朵：我納悶他們的身體能不能感覺到痛。

珍：他們的心理瞭解痛苦的概念，但身體感覺不到痛。

朵：他們曾經弄傷過自己？

珍：不是身體上的。所有的事都發生在心理狀態。

朵：那麼他們就很難瞭解身體的痛和受苦是怎麼回事了。

珍：對。他們沒有那些。他們的家鄉沒有那種事。

朵：你認為地球在這方面是唯一的嗎？

珍：不是。地球只是在這類活動有較活躍的發展。

朵：我不願意去想我們是唯一沉淪至此的人，也不願意這樣子形容。……那麼還有別的星球也存在著暴力現象？

珍：別的星球也體驗過暴力，是的。

朵：但這些聚會的代表從來沒有在那些星球的經驗。

珍：沒有。

朵：她的解釋他們聽得懂嗎？

珍：他們在進行很多溝通。現在已經談完那個話題了。

朵：我想像他們是從她的心裡擷取她看過和經歷過的事。

珍：沒錯。他們可以體驗到她參與過的特定經驗。他們開始在情感上理解，也因為可以藉由她經驗到身體的感受，所以也能以感官的方式去理解。這只是透過另一個人去體驗。

朵：那麼他們必須透過她的心靈去感知。

珍：還有情感、感受。

朵：他們可以用這樣的方式體驗。

珍：對。但你要瞭解並不是聚集在這裡的每個人都是這樣體驗的。還有別人像我一樣完全瞭解人類的情緒和身體。

朵：對不曾體驗過的人來說，這是個教學。

珍：是的。對他們現在正繼續進行的計畫來說，這就像在上課。

朵：這些是很有趣的問題。我對你們感受的方式有了不少瞭解。——他們感興趣的下一個主題是什麼？

珍：他們在談原子彈。

朵：噢，好大的題目。他們在問什麼問題？

珍：他們想知道，她是否瞭解你們為什麼要對彼此使用原子彈。

朵：我們自己的文明在這方面也有贊成和反對的爭論。他們能夠瞭解並不是地球上的每個人都會做這種事嗎？

珍：他們瞭解不是地球上的每個人都參與那個活動。他們之所以困惑是因為在他們的星球，每個人都有責任。他們有不參與或是讓某件事發生的責任。他們覺得我們每個人都有同樣的責任。他們不懂珍妮絲為什麼不能做點什麼來改變。他們知道她有能力影響你們大氣的不同面向。所以他們在問她，為什麼她容許這樣的事情發生。他們不瞭解這不是她一個人能夠杜絕的事。

朵：不能，她就像個小微粒。

珍：但他們還不瞭解。

朵：事情發生時，她也只是個孩子，也許甚至還沒出生？

珍：還沒出生。那正是她出生的原因之一。珍妮絲事實上是戰爭結束後才出生的。她帶到地球的能量協助平衡了戰後的日子。曾經有一度……喔，現在不能討論。我會告訴你的是，她出生在這個星球的目的之一是跟地球的能量工作有關。

朵：也許他們能理解她當時並無法影響丟不丟炸彈，因為她那時候還沒生活在我們的星球，所以她和那件事無關。

珍：沒錯。但問題不在她和原子彈的投擲有沒有關。問題在於現在仍然有原子彈，而她就在這裡。

朵：我懂了。他們認為原子彈不應該繼續存在？（對。）他們知道有些原子能曾經被使用在好的用途嗎？

珍：知道。這也是他們難以理解的地方。原子能竟被容許用在不好的用途，或一種隨時能被使用在害處的狀態。

朵：這些是很棘手的問題。我希望她的回答能幫上忙。她回答了那個問題嗎？

珍：現在還無法有更多資訊。他們正在互動。

朵：他們正在討論嗎？

珍：是的。（聲音變小了）所以，珍妮絲，我想說的是，女兒，我非常以你為榮。（聲音變得較大）當他們在討論的時候，我也能夠跟她討論，我和你如果參與會是在浪費時間。稍後我們還有機會談話。我要你經驗這次的會議，這樣你才能瞭解她的部分功能。

朵：她有個問題。她想知道她的工作內容。

珍：她做的工作不只一種。

朵：她很好奇當她覺得自己處在這種能量狀態的時候，都是在做些什麼。她覺得自己像是在工作，也許是跟其他能量或什麼的。

珍：那跟這個是完全不同的計畫。

朵：她在能量狀態下做這類工作時，感覺有其他能量圍繞在她身邊。她想知道有她在身體裡時（指在地球上)認識的人嗎?

珍:現在跟她在一起的能量並不是她在身體裡時認識的人。但在其他計畫裡,有的時候有她認識的人,也有的人是她以後才會認識的。

朵:她覺得有一種熟悉感,但她也只知道這麼多。

珍:是有種熟悉感。

朵:你能跟她說說另一個計畫嗎?這被准許嗎?

珍:可以討論。這是我為什麼來的原因之一。當她不明白一些事情時,我幫助她瞭解。就父親這個字的意義來說,這是我的職責。我在她不同進展的時期,過來協助她瞭解複雜的概念,或是幫她瞭解她進行的工作中令她困擾的部分。這是我的責任。

朵:她想知道她在做哪些她沒有意識到的工作。

珍:她其實有些瞭解,也知道在她的能量狀態中,是在維持著什麼。她有一種維持、協助、療癒某些事物的感覺。透過維持住某樣事物,療癒就能發生。這是非常漸進式的。我會告訴你,那是在維持一種頻率。

朵:目的是什麼?

珍:維持頻率可以平衡地球以外的大氣層狀況,這會直接影響到地球上發生的事。這是在發生的事情當中我可以告訴你的部分。好,你必須瞭解的是這個情況討論起來非常複雜。但我可以告訴你,其他人也和她一起投入在這個計畫,而他們……(停頓)嗯,那是偉大的服務。因為它是非常……它是……

他遲疑了。是因為他不應該告訴我這些事情嗎？還是他在考慮他能透露多少？

我發現錄音帶快錄完了，因此趁這個空檔趕緊替錄音帶換面，然後繼續對話。

朵：你說這是偉大的服務？

珍：對人類是很偉大的服務，因為是在防止地球自我毀滅。

朵：我把頻率想成是無線電頻率。是不一樣的嗎？(不一樣。)那麼它們是怎麼影響地球？

珍：它們正在影響你們的地球。有些人會說是因為我們參與的這個計畫才引發許多地震、火山反應，以及發生在地球上種種不同程度的氣候活動。他們想怪給我們。然而事情正好相反。如果我們沒有參與這個計畫，災難會更嚴重。地球會以很快的速度毀滅。

朵：那麼你們是在讓情況不那麼嚴重？

珍：我們在說的是，我們在協助地球的平衡，不論地球需要在哪個地點或時間維持平衡。我們在事件發生時，維持流動的能量平衡。如果不是我們在這個計畫的工作，世界各地可能發生嚴重許多的地震。所以，或許你們可以把這個計畫看作是一個維持計畫或是一種維護。意思就是減輕氣候災難的嚴重程度。

朵：你們沒辦法完全防止事情發生嗎？

珍：我們原本可以完全防止事情發生，但過了一個時間點就不行了。目前跟災難有關的事，我們只能做到一個程度。

朵：因為地球必須發生的事？（對。）而你們不能干預終極的命運。

珍：這時候不能。

朵：所以你們只被容許做某些事。

珍：對。

朵：有什麼人或事情在決定這些規則嗎？

珍：這些規則是全宇宙都通用的。以你們的說法，這些規則經過了時間，經過過去的時間，經過許多世紀，一直都是這樣。這些是成文的規定，向來都是。它們不會改變。

朵：有哪些規則？

珍：有一條是不干預法則。這跟你們的政治人物在他們設立的法律架構裡做事很像，我們也是在類似的架構下做事。然而，要記得，我們對干預的認知不見得跟你們相同。

朵：換句話說，就你們能協助的事情來說，規則可以有些通融。

珍：我們可以幫忙。我們可以提供協助。我們可以指引，可以跟你們互動。我們可以傳遞訊息。

朵：但你們不能採取直接干預的動作。（她嘆了口氣）我在試著做出區別。

珍：在某些情況下，我們可以直接互動，甚至做到你們可能會形容為干預的程度。如果事情和我們自己人有關，我們絕對會干預，因為那已經不叫干預了。

朵：是的。我會認為那是保護。

珍：沒錯，但它卻被視為干預。

朵：你們曾經干預過歷史或地球的變化嗎？

珍：沒有，除非受到源頭的指示。

朵：這就是我好奇的，所有這些規則是不是來自某個核心的人物或角色。

珍：是有一個源頭。

朵：你們怎麼形容這個源頭？

珍：最純粹本質狀態的無限能量。

朵：你們看得到它嗎？

珍：我們體驗得到。你們在人生的某些時候也可以。

朵：那大概是我們非常有限字彙裡的所謂的「神」。

珍：是一樣的。我們只是使用不同的字彙。

朵：你說不干預法則是規則之一。還有別的嗎？

珍：我們不會有暴力行為。我們跟你們星球上的負面事物無關，我們也不可能參與。任何和負面有關的事物都會被負面的反面所平衡，這是法則。我們的內在無法發送出負面事物。不可能。

朵：如果是源頭制定好了法則，那是怎麼傳送給你們的？你們怎麼會曉得？

珍：就跟你們知道的方式一樣：透過我們的歷史。

朵：我想，在我的心裡，有那麼一個身影寫下了所有法則，或告訴人們事情就是這樣。

珍：不好意思，你說什麼？

朵：怎麼了？

珍：你的問題是什麼？

朵：你的頭突然動了一下。我在想是不是有什麼事。

珍：對。我在看這裡怎麼了。

朵：我不想妨礙你跟那邊的互動。

珍：他們要離開了。

朵：他們不想問別的事了嗎？

珍：他們已經問完他們的問題了。

朵：他們還問了什麼我可以知道的問題嗎？（沒有。）其他問題都只有她能知道？（是的。）好吧。我剛剛在說，我心裡的認知是有個人物在寫這些法則或是把法則告訴某人。（珍妮絲的身體反應顯示有狀況）怎麼了？

珍：安靜！（停頓了很久）

朵：你們在做什麼？

珍：我們在說話。

朵：好。她會記得你們說的話嗎？

珍：晚一點會想起來。或許明天。

朵：這是我用黑盒子記錄的好處之一：這樣她在意識狀態下也能聽到。

珍：她在意識狀態下用另一種方式知道比較重要，因為那是我們一貫的方式。從她童年到成年，我們的溝通都是這樣進行。她對我的聲音並不是那麼熟悉。

朵：那麼她會記起你說的話。

珍：是的，但不會立刻。因為用你們的詞彙來說，和我互動是一個激動和痛苦的經驗。這是為什麼我們現在用這種方式溝通。如果她聽到我說的話，事後又一次次地放錄音帶來聽，反而只會強化了那種情緒。

朵：我瞭解。我可以再問幾個問題嗎？

珍：我想在你的盒子（指錄音機）裡告訴你——這是給珍妮絲的：當你感覺我在你身邊的時候，你是對的。你必須要知道，當你感知到我的存在，我真的就在你身邊。我要你知道這件事，在未來的日子裡也要記得。

朵：如果她需要幫助，她可以呼喚你嗎？

珍：可以。這個情況（指分離）對我們兩人來說都很困難。我們所體驗到的對孩子的愛就跟你們一樣。

朵：這是人類不明白的，他們認為外星人沒有任何感受或情緒。我認為，讓他們知道你們有感情是重要的。

珍：我們有。我們來自的星系也有，特別是對我們的家人，就跟你們對你們的家人一樣。這是我們現在在這裡的原因之一。當他們看到我們與我們的人是怎麼互動，我們就幫助了其他在場者瞭解這些情緒。

朵：其他在場者沒有這些情感？

針：有的有，有的沒有。未來將會有一些考驗，就像你們聖經上說的，也有苦難。對我來說，知道我們自己人之一可能會經歷或目睹這些事情的發生是很沉重的。因為她已經受到地球變化的影響。她在這一刻聽不到我說話。要聽到我現在所說的話，同時又要傳遞我的聲音，她會無法承受。

朵：可是她放錄音帶的時候就會聽到了。

珍：（激動）對，而且……

朵：這可能會幫上她。（這個問題似乎困擾這個存有，所以我想我們應該換個主題。）我可以問你問題嗎？她想知道……（珍妮絲流露出感傷情緒）沒事，沒事。我很感謝你跟我分享你的情緒。我很榮幸你們能讓我參與。

珍：這真的很難受。

朵：也許你可以在今晚她睡著的時候繼續溝通。有這個可能嗎？

珍：噢，我常常這麼做。

朵：她想問一件事。在有災難要發生之前，她好像都會感覺不舒服。

珍：沒錯。這是我來的另一個原因。我知道她經歷過什麼。必須要這樣，因為訊息是注入到她裡面，這是為了幾個不同的原因。其中之一是讓她知道即將有事情發生，這樣她就能保護自己。另一個原因是她涉及的計畫和工作有部分是要將她的能量狀態降低，與來自相同起源的其他能量互動，形成一床保護地球的毯子。能量會從這樣的存在狀態透過不同的能量線傳遍全球。因此，她和整個星球在能量狀態上是完全連結在一起的。當這個能量回到身體狀態時，它還是連結的，因此她是以實體的方式(指身體)受到這些事件的影響。

朵：她說那是種不一樣的感覺。會依地震或墜機之類的災難而有所不同。

珍：沒錯。

朵：她以後能分辨得出其中的差別嗎？

珍：她已經能分辨一些差別了。你必須瞭解這是她——我找不到比較好的詞——學習的一部分。她在參與計畫的同時，也在學習。她一邊學習保護她的人性，一邊參與協助地球的計畫，她在每個清醒、睡眠、飲食、呼吸的時刻，都在幫助地球。

朵：可是她沒辦法做些什麼來阻止災難。因為當她有感覺的時候，就是事情正發生的時候了。

珍：不對。不是事情正發生的時候。是在發生之前，是在發生期間，還有發生之後。

朵：但這樣一來她並無法警告別人。

珍：這和警告無關。

朵：她無法用任何方式阻止事情發生。

珍：這是能量的問題。不是要阻止事情發生，而是降低效應。因為她是個導管，是個接收者，能量會經過她再流出去。因此在星球層面上，災難的嚴重性就受到那個能量的影響。她那個時候有沒有在能量狀態下並沒有關係。

朵：還有其他的人也來到地球用這樣的能量方式起作用嗎？

珍：有。你們的星球到處都有用這樣方式作用的人。

朵：他們就像珍妮絲一樣，沒有意識到自己在做什麼？

珍：他們就像珍妮絲一樣，察覺到了什麼，意識上也有些瞭解，只是還不到讓他們完全瞭解整個計畫的時候。就像你問個案問題時，你也不希望影響到他們的回答。我們不讓他們知道全部，也是為了不想影響結果，或是被計畫裡個體的人性層面干擾。有時候當人類的情緒狀態被影響，結果也會跟著改變。

朵：其他協助的生命體是地球的能量嗎？還是來自別的地方？

珍：來自別的地方。

朵：我想現在跟我合作的一位年輕人也是同樣類型。我想到的是《地球守護者》的個案菲爾。

珍：對，他是。

朵：他也是很受到他在地球所看到的事物影響。這對他來說一直都很辛苦。

珍：對他們來說，這在身體和心理上都是很大的創傷，每個細胞都感受到了。當這些個體簡化到細胞、分子的狀態，就會像每個原子都被這些事件充滿。因此，當他們在這個物質狀態下，在人類的狀態下體驗到這些事，他們體內的每個原子都會重新經歷到這些事件，對事件的敏感程度會高於一般人類。因此他們嚴重地受到影響，有些人甚至無法下床。

朵：他有一度曾經企圖結束生命。

珍：很多人都是。

朵：因為他就是無法瞭解。他不想待在這裡。

珍：珍妮絲也經歷過同樣的痛。她不瞭解為何非發生這些事不可。她是另一種生命體，她具有對另一種存在方式的靈魂記憶。

朵：他(指菲爾)也一直這麼說，說這裡不是家。

珍：這裡不是家。不是真正的家。他們的沮喪在於他們知道家可以是怎樣的；那是一種挫折感。

朵：在我看來，他們基本上是從未在地球生活過的靈魂。

珍：有些以前在地球生活過，有些沒有。

朵：他們是志願參加這個計畫。

珍：對，但你必須瞭解，雖然他們參加了這個計畫，但並不是所有能量都是一樣的。這不表示他們是同一種能量，甚至來自同樣的能量來源。

朵：當我剛開始跟珍妮絲合作時，我被告知外星生物有負面的一面。我原以為他們都跟你一樣。我納悶負面怎麼會被容許存在。我之前以為你們全都進化到了完美的狀態。

珍：喔，不是每個存在體都進化到了我的狀態。就像不是所有人類都跟你一樣進化。因此你必須瞭解，外星生命體有不同的能量，就如你們的生活裡也有不同的能量。

朵：我對負面這一方很好奇。我想知道多些他們的資料，但要不影響到她才行。他們是不是也有太空船，運作的方式也跟你們一樣？

珍：我不能透過她和你討論這個。我不會讓她受這個影響。或許晚點吧，在不同的時間點，但不是現在。因為現在我一邊和你說話，一邊還需要和她互動。你們在你們的星球上有特定的家族團圓的時間，我們也是。

朵：珍妮絲家的其他成員呢？我想她有兄弟。

珍：她有。他們都很特殊。他們就跟她一樣，只是自己不知道。

朵：你也是他們的父親嗎？(是的。)但他們沒有那麼敏感，對嗎？

珍：他們敏感的方式不同。

朵：你在別的地方有家人嗎？

珍：我在別的地方有家人。

朵：我感覺你一定有很多小孩。

珍：沒錯。

朵：在地球和其他地方。（對。）做一個父親是基於生物學還是什麼特定的原因才被選上的嗎？（停頓）你瞭解我的意思嗎？

珍：不瞭解。我不確定你的意思是什麼。

朵：舉例來說，你是因為在某方面很特殊，或是具有特殊品質才被選為地球上許多小孩的父親？

珍：是的，我確實有你在珍妮絲身上所看到的特質。你要知道，就跟你們的小孩一樣，我們的小孩也不會都是一個樣的。因為當他們到了地球，他們可以自己做出選擇。

朵：這就回歸到靈魂，本質。（是的。）她身上有哪些你的特質？

珍：我們有純淨的意圖。我們有奉獻精神、誠實、坦率。我們有純粹的愛，也瞭解什麼是無條件地去愛。

朵：這些都是很棒的特質。所以不是你所有的小孩都具有這些特質？

珍：他們有。這些特質若不是潛在的，就是被他們拒絕或摒棄了。

朵：我能明白你為什麼會以她為榮。

珍：我非常以她為榮。

朵：你可以告訴我你是從哪裡來的嗎？你的家在哪裡？

珍：我只能告訴你那是在你們的銀河系之外。

朵：這對我們來說總是難以理解。

珍：我相信。

朵：那是個實體的星球嗎？

珍：它是實體的星球。

朵：你時不時會回去嗎？

珍：是的。我就是從那裡來的。

朵：剛剛？（對。）我是所謂的海軍老婆。我先生以前有很多年都離家在外，我有時也跟他同行。如果你們現在是在太空船上，我想你們是被派到船上的。

珍：我在哪艘太空船上並不重要。

朵：我想你是被指派到太空船，而且離開家鄉很多年了。

珍：不一定，因為跨次元和跨銀河的旅行並不是照你所以為的時間。

朵：那麼你是怎麼旅行？

珍：我是透過思想旅行。

朵：我聽過這樣的回答，但我總是在找更多的確認。在你們生活的地方，你的職業是什麼？

珍：我是星球的管理者。

朵：噢，那是很大的榮耀。這是你被選來「播種」的原因嗎？我可以用這個字嗎？

珍：你可以把它看成是一種選擇。這對我們來說完全就是生活的方式，因此我們並不把自己想成是被選上的。

朵：那麼你不是唯一在地球上有小孩的人？（對。）作個管理者是很大的責任嗎？

珍：是很大的責任。但我們沒有你們有的那些問題，所以我不必處理你們星球上絕大多數管理者要花時間去處理的那類事情。——你能想像一個星球上的花就跟你現在的這間房子一樣大嗎？

朵：不能，我想都想不到。那邊是這樣嗎？

珍：對。那裡是很美的地方。

朵：你們跟我們一樣有四季嗎？

珍：我們並沒有像你們一樣的冬天。

朵：好幸運。(咯咯笑)

珍：而且我們對季節的想法也跟你們不一樣，它比較是一種娛樂，而不是一種生活的方式。因為我們沒有你們季節性的種植和收割，那種現在是什麼季節就該做什麼的事。

朵：你們吃食物嗎？

珍：我們消耗光。不過，你要瞭解，如果我們想體驗食物，我們就能體驗食物。

朵：因為你們有消化系統？

珍：跟你想的消化不同。

朵：是透過感官？(**對**。)就像她對他們談到巧克力牛奶一樣的方式？

珍：是那個概念，對。

朵：那麼當你們在太空船的時候，會不會有困難取得你們需要的光？

珍：不會，因為我就**是**光。

朵：我以為你們必須補充光。

珍：不用，我的存在不需要。

朵：好，在你的母星，你們是有性別的生物嗎？

珍：噢，是的。

朵：你們像我們一樣有兩性？（有。）但你們的小孩跟我們的小孩一樣是從嬰兒開始成長嗎？

珍：他們不必學怎麼綁鞋帶。

這句話說得很一本正經，但我覺得他是想跟我開玩笑。他們可能根本就沒有鞋子。

珍：他們的生活機制是內建的，所以當該學習吃的時候，他們並不用學習，不用學著用……餐具吃飯……。我說的不是學吃飯。我說「內建」只是想給你一個參考方式。我的意思是，他們不是坐在桌前，也不一定用餐具**吃飯**。但他們如果到了你們的星球，他們不用**學**就會。

朵：那是自然而然就會的事。（是的。）可是他們是從嬰兒開始成長的嗎？（對。）他們跟我們長大成人的方式一樣。

珍：成長的速度不一樣。但他們會成長，沒錯。

朵：你們星球的人會經驗到死亡嗎？（不會。）那身體最後會怎樣呢？

珍：身體不會死。

朵：你的意思是它能永遠活下去？

珍：它能夠永遠活下去。我們有一些過渡狀態，不過我們不認為那些狀態是死亡。

朵：我是在跟我們的星球相比，身體會變老、衰退，而且會……

珍：我們的身體是會「舊」。

朵：但不會死，可以說身體只是壞了或老化了嗎？

珍：不會老化。

朵：我想我總認為如果有人能長生不死會是理想的狀態。這是人類的想法。

珍：人類是這麼想沒錯。但那不是不會死的問題，而是對過渡的選擇。

朵：那麼當你們決定不想要那個身體的時候會怎樣？

珍：你就回歸源頭。

朵：那身體呢？

珍：身體在分子上重新被吸收。

朵：當你們對身體感到厭倦或什麼的就會這麼做嗎？

珍：有不同的原因（她開始出現不舒服的徵兆）。

朵：我想我們快沒時間了。我看得出來她越來越熱又不舒服。我想告訴你，我很喜歡跟你說話。我覺得很榮幸。

珍：非常謝謝你來和我對話。我很感謝你的耐性，因為我並沒有完全專注在你和你的問題上。我因為想跟珍妮絲互動，想讓她知道我在這裡，因此顯得自私。

朵：沒關係。讓你分心我也覺得自己很自私。

珍：不要緊。重要的是她**明白**我這個時候仍然在。

朵：也許下次我們會再對話。

珍：我們一定會再說上話的。我很感謝你，也很欣賞你跟我女兒一起做的工作。

朵：我會一直盡我所能的照顧她。

珍：（語氣權威）是的，你絕對要！

朵：我在做這個工作時很保護她的。

珍：我知道。我無意對你說得那麼嚴厲。只是我也很保護她。

就在我準備要整合珍妮絲好喚醒她的時候，他阻止了我。

珍：我需要和她說話。

朵：你要現在說還是今晚她睡著的時候說？

珍：必須現在說。

朵：好的，請便，趁我們還有一點時間。你要說出聲，還是在心裡說？

珍：兩種方式我都會做。——（非常溫柔的語氣）我的女兒，我的孩子，你要知道我一直都在你的身邊。我答應過你，你永遠不會孤單。所以你必須知道，在未來的日子，我不會把你丟在一旁。你在任何時候都能感覺到我。任何時候你需要力量來實現你的任務，任何時候你需要和我說話，你知道要用什麼方法，也知道要怎麼做。不要忘了我愛你，我一直都在你身邊，我們永遠是一體。我們是彼此的一部分。我們無法停止存在，雖然我們現在居住在不同的次元，你知道你隨時都能來找我。我會協助你，永遠看顧著你。你記住這點非常重要，這是為什麼我現在要跟你說這些。在未來的日子裡，你可能會有忘記的時候，就像你最近也忘了我一直在你身邊。所以這是對你的提醒。請認真聽我說的話。你將會需要我，而我則不會缺席。我在愛裡祝福你，阿洛基艾。(譯注：再會之意)

朵：阿洛基艾。非常謝謝你。時間到了，我們得離開了。珍妮絲必須醒來才能回家。我現在要求珍妮絲所有的意識和人格再次回到她的身體，其他的人格則離開並回到它該去的地方。

我下了重新歸位的指令，引導珍妮絲恢復意識，但她卻抗拒而且哭了起來，似乎不想離開那個存有。我安慰她，但仍然堅持重新歸位。「不行，你一定要，一定要。你必須回來。」

我花了點時間和她說話，安慰她，向她保證我們已經找到了方法，這不會是永久的分離，我們隨時都能回去找到那位存有。後來我喚醒她，她醒後對這一切都沒有印象，對自己哭過也很驚訝。

在她恢復清醒並在床上坐起身後，我注意到她的手掌。催眠進行時，她一直雙掌朝下安穩不動地躺著，所以我現在才看到。這一次手掌的變色好深，幾乎是黑色的。她自己也注意到了，納悶這是怎麼回事。她甩甩手，按摩雙掌。雖然沒有不舒服，但這個情形很令人困惑。隨著她的動作，顏色漸漸淡去，慢慢回復正常。我打開錄音機，把這點記錄下來。

朵：大拇指和下面的肌肉（譯注：指大魚際肌），還有兩隻手所有手指的顏色都好藍，幾乎是紫色的。看起來像是因為碰到了髒報紙而被染上印刷的油墨。

珍：可是我並沒有拿報紙。（此外，她揉搓雙手的時候，顏色也沒有掉。那絕對是手掌自己的顏色，是從皮膚裡泛出來的。）我進來這裡之前還去過洗手間洗了手。

我說到在我們暫停催眠吃晚餐的時候，我注意到有輕微變色，但現在的顏色要深得多，幾乎是黑色的，而且範圍也更大。在珍妮絲起身並來回走動之後，顏色開始消退，雙手漸漸恢復正常。我不認為這是血液循環不良造成的，因為個案在夢遊式的出神狀態下本來就不怎麼動。由於變色沒有造成任何不適，我們決定就當這是個奇怪的現象。

後來我問朋友哈莉葉，她說她覺得有可能是能量導致的，可能是由透過珍妮絲說話的不同存有所引發。她建議下次珍妮絲醒來時，我先檢查她的腳跟和脖子後面，因為這些地方是能量的出口。哈莉葉不知道這些想法是從哪裡來的，它們就是突然在她腦裡浮現，她並不知道到底是否正確。

也有人說，人除非死了，皮膚才會變色成那樣。我對我的護士女兒茱莉亞提到這件事。茱莉亞說，說這話的人顯然不曾待過加護病房。她曾在一些心臟手術病患的身上觀察到同樣現象，但只在極端的情況下。在那些案例裡，變色不僅在手掌，也會出現在身體的其他部位，而且必須用藥才能減輕反應。然後我又向曾經協助我其他書裡醫學問題的醫學專家討教。比爾醫師知道我的工作，也習慣了我的奇怪要求，所以我不必向他解釋為什麼我想知道這方面的資訊。他給了我導致變色的醫療詞彙：在動脈血流未受損情況下所發生的靜脈阻塞（venous obstruction）。用一般人的話來說就是：從四肢（手臂、腿）回流的血受到了限制或阻礙，進而產生我前面提到的現象。那可能是由止血帶之類限制血流的東西所引起，止血的時間如果太長，甚至會造成神經損害。比爾醫師想不出來還有什麼別的情況會造成類似的變色。然而，珍妮絲的雙手並沒有受到任何限制。整個催眠期間，她的雙手都是手掌朝下地擱在腹部上。比爾醫師說，在這種狀況下，變色絕非正常，有可能是由我們所不瞭解的超自然事物所引起。這樣的變色顯然不是一個健康的人會有的正常情況。

幾個月後，我和珍妮絲聯繫，想安排另一次催眠。她告訴我變色的情形沒有再出現過。她也說她一直無法去聽那些錄音帶，每次她才開始要聽，就會有事情阻止她。由於這卷錄音帶的內容，我一直好奇她的反應會是如何。既然珍妮絲一直沒聽，她父親也就不用擔心珍妮絲聽到他的聲音的反應了。就如他希望的，訊息已經進入珍妮絲的潛意識。

珍妮絲雙手的變色現象可能類似第七章蘇珊（譯注：上集）的情況，雖然有些不同。蘇珊那次是我第一次透過個案與外星人說話。蘇珊在汽車旅館裡醒來後，雙腳和小腿出現了大片的紅色斑塊。

一九九七年，我在好萊塢第一次替克萊拉（參見第三章）做回溯催眠的時候，一位外星人在療程中透過她說話，事後她也發現在她頸部後面髮線的地方有塊紅色痕跡。或許這些身體徵狀是不同能量透過身體互動的結果。產生的現象雖然令人訝異，但只是暫時性的，很快就消失了。

我在一九九八年跟珍妮絲電話聯繫，想徵求許可使用她的催眠內容，她那時依然沒聽錄音帶。她甚至不記得把錄音帶收到哪裡了。

第十三章　終極體驗

我直到六個月後，也就是一九九〇年的七月，才有時間再度前往小岩城與珍妮絲合作。我仍然想試著在一天內進行幾次催眠，但上次這麼做時，一天三場對我們兩人似乎都太多了。這次要看看究竟幾次才不會讓我們任何一人太累。這次的催眠出現新的轉折，內容進入更未知的領域。我們明確地離開了幽浮經驗，跟其他次元的存在體有了更多的交流。有些存在體是由光組成，他們自稱為純能量體。珍妮絲與這些能量合作得越多，她所受的訓練也越來越難懂。由於催眠內容呈現的概念過於複雜，我知道無法放在這本書裡，詳細的內容將寫在《迴旋宇宙》系列。《迴旋宇宙》是給已經準備好，並且能夠理解那些讓我的可憐腦袋瓜絞成一團的概念和理論的讀者。我認為把這些資料合併在另一本書，提供給那些享受挑戰的讀者閱讀會比較理想。

由於這本主要是處理幽浮經歷和背後的隱情，我想繼續把焦點放在這個方向。但有件事我想先說明。那就是一月份連著三次催眠過後，珍妮絲雙手變紫的現象。答案是來自之前跟我對話的能量醫師。

朵：上次我和珍妮絲合作的時候，她兩隻手掌的皮膚出現很明顯的變化。你能夠解釋為什麼會有那個情形嗎？

珍：那個情形之所以發生，是因為身體還沒適當地適應她所在的能量層級。那是循環系統的問題。

朵：她的雙手顏色變得好深，有些地方幾乎是紫色的。

珍：對。她那時是在非常、非常高的能量層級。

朵：那是因為透過她說話的存在體的緣故？（是的。）我擔心是因為我那天做了太多次催眠才引起的。

珍：不是的，它怎樣都會發生。有部分原因是她當時身體並不在巔峰狀態。事實上，那跟透過血管流動的能量的相互作用有關，也跟她連結到的能量系統有關。

朵：皮膚的變色有可能造成傷害嗎？

珍：我們不會讓這樣的事情發生。她太重要了。這個狀況不會再出現。她現在已經在不同的發展層次了。

後來我和珍妮絲的合作確實不曾再出現這類情形。在接下來的幾次催眠當中，她也沒有再體驗到稍早催眠時曾讓我擔心的熱的波動。看來她已經適應了透過她身體說話的這些較高能量。這類溝通顯然在某些情況會對身體造成明顯的效應，但那只是一時的過渡現象，不會產生永久傷害。

這次催眠還發生了另一件怪事。我向來都會拷貝錄音帶，一卷寄給盧，一卷給個案，所以總是會有多的副本。通常我會在催眠過後的幾週內，聽寫我打算使用的內容，所以我也會有紙本。一九八九和九〇年最初幾次的催眠內容我都抄錄了下來。一九九〇年又做了三次催眠，然後是一年之後，也就是一九九一年還有一次。我總是把我要謄寫的錄音帶放在辦公室的同一個地方，以免跟其他各種帶子混在一起。然而，當我要謄寫最後這四卷的時候，卻一直找不到帶子。每次想到，我就會在辦公室翻箱倒櫃。我甚至要求珍妮絲和盧把他們的拷貝帶寄給我，但珍妮絲不僅沒聽任何一卷，也忘了把它們放到哪裡了。盧則說他的辦公室很亂，要找到會是大工程。我因此不斷想起外星人對我的告誡，他們說除非我有了完整的故事，否則不會被允許出版任何一部分。這件事和他們有關嗎？我還沒有準備好要發表，我只是想謄寫內容而已。

有五年的時間，錄音帶持續不見蹤影，同時間我則忙著其他的書和計畫，直到一九九六年初，這些錄音帶突然出現在我書桌上一個顯眼的位置。那是一眼就看得到的地方，不可能會被忽略。當時我已經開始從檔案裡編輯這本書的部分資料。當這些錄音帶神祕地出現，我知道披露資訊的時候到了。自從他們在一九八九年要求我保持沉默後，已經過了八個年頭，這期間我一直信守承諾。

以下是一九九一年九月我跟珍妮絲做的最後一次催眠內容。我將這份資料稱為「終極體驗」。催眠的時候我以為她進了一艘太空船，但在我重新回顧謄寫的催眠內容之後，我納悶她是不是在山裡的地底基地。不論地底基地在哪裡，它是宇宙裡一所提供獨一無二的學習的學校。

一九九一年九月，我回到小岩城為兩位疑似被幽浮綁架的個案催眠。盧和傑瑞開車送我去，他們兩人並且在場見證。那一次的小岩城之旅我也和珍妮絲合作，當時我並沒想到那會是我跟她的最後一次催眠。

我們再度在我的朋友派西家進行。珍妮絲想要探索剛發生在一九九一年七月的奇怪事件。

這時候的珍妮絲很快樂，因為她和幾年前認識的一位男士，肯，重新相逢並墜入愛河，她有一種終於找到了同類靈魂的感覺。由於不想嚇跑對方，她不曾告訴肯那些困擾她的奇怪經歷。肯是軍人，有一次珍妮絲前往軍事基地隔鄰的城鎮與他共渡週末。他們留宿在一家汽車旅館，肯隔天一早就得起床趕回基地。珍妮絲在他離開後又睡了回籠覺，而且睡得很沉。幾個小時後，女服務生的敲門聲吵醒了她，但她沒辦法起身應門。接下來她只知道女服務生自己進了房間，然後發出歇斯底里的尖叫。珍妮絲被尖叫聲驚醒，躺在床上看到室內的燈都很不穩定的開開關關，有些燈還爆掉了。女服務生就是因為這樣被嚇到，尖叫著跑出房間。我們想透過這次的催眠瞭解那晚究竟發生了什麼事。

即使我已經一年沒催眠珍妮絲，她的關鍵字依然非常好用。我倒數並引導她回到事發的當晚。在謄寫這卷錄音帶的時候，我聽到一個催眠當下沒有注意到的奇怪音效。我聽到自己數完數，然後有個像是汽車發動的聲音，或者更正確地說，像是加速的汽艇。那個聲音很大，不可能是外面傳來的，聽起來位置就是在麥克風旁邊。我當時顯然沒有在房裡聽到什麼怪聲音，因為錄音帶裡的我繼續下指令，沒有任何中斷。

珍妮絲描述了那晚愉快的回憶。他們兩人都睡得非常沉。

朵：你整晚熟睡嗎？

珍：不是。我好像醒來了，他也醒來了，我們在說話。我們說：「怎麼了？」就像我才剛到那裡似的。

肯說：「哇，感覺我們好像離開了這個世界。」我們知道自己是在身體裡，卻也身在別處，因為我們不知怎地可以碰觸到另一個地方。真的很怪。我知道那晚有事發生，但不曉得是什麼事。肯必須起床，他凌晨四點半就要離開這裡回基地，但他不是很清醒。我很擔心他，因為我知道他還沒有完全回來，我心想：「噢，天啊！他還得出去開車。」當他走出門，到了汽車旅館的後面，那裡有好大一塊空地被霧氣籠罩著。那個霧就只籠罩在那塊空地，真是詭異，而且七月竟然有霧！我問他在大霧裡要怎麼開車，他卻回說沒有霧啊。他沒看到霧。在他離開後，我回到床上，立刻就睡著了。但我彷彿知道自己不是真的要睡覺，而是要去別的地方。然後我就去了。接著就是早上，女服務生打開房門，不斷尖叫。我聽到她的聲音，但我沒辦法動，連眼睛都睜不開。她就站在那裡尖叫。我好努力想要睜開眼睛，可是睜不開。當我終於睜開眼睛時，所有的燈都在閃爍……噢，閃得好快，我的頭好暈。女服務生不停地尖叫，她不知所指。(語氣輕柔)沒事，沒事。燈一直在閃，直到有些燈閃到爆掉，後來就停了。

朵：讓我們回到那晚，你會發現究竟是怎麼回事。肯在的時候事情就發生了嗎？

珍：有一部分是肯在的時候發生的。

朵：我們去看看那個部分。告訴我事情是從什麼時候開始的。你們睡覺的時候嗎？

珍：(微笑)我們其實沒有睡著。那是在睡著之前。我們一起離開了。

朵：你的意思是？

珍：我的意思是我們離開了汽車旅館。我們出去到了太空船上。

朵：怎麼去的？

珍：我不知道，就直接上了太空船。很快。

朵：你們是帶著身體一起去的嗎？

珍：好像是。我看得到他的身體。

朵：所以你們兩個一起離開房間？（嗯。）太空船在哪裡？

珍：我不知道。我們就只是飄浮著，然後就在太空船裡了。就咻地一下。真的好快。

朵：好。告訴我你看到什麼。

珍：噢，我們很高興在那裡，一點也不害怕。我們進到神聖的房間。

朵：什麼是神聖的房間？

珍：（停頓）我不確定我可不可以告訴你。

朵：你的意思是你不被准許還是什麼嗎？

珍：（恭敬的語氣）那是船上最高階的房間。除非你是靈性老師，否則不能進去。那是非常特殊的地方。不是每個人都能進去那裡。

朵：你們兩個都進去了嗎？

珍：對。我們坐在特別的椅子上。那是令人敬畏的房間。

朵：為什麼令人敬畏？

珍：因為它是……

她停頓了很久，然後聲音變了，換了另一個人說話。珍妮絲的語氣本來充滿了敬畏，現在這個聲音卻不帶任何情緒。

珍：它是未來的複製。

朵：未來？

珍：是的，發生在這個房間的很多事情會影響到星系和行星系統的靈性，不僅是地球的行星系統。所以這是令人敬畏的房間，是非常神聖的地方。

朵：每艘太空船上都有這樣的地方嗎？

珍：不是，只有這個有。

朵：所以這艘船很特別？

珍：對，與眾不同。

朵：這個船是位在一個特別的地方嗎？

珍：這艘船去每個地方。它前往所有的星系，還有所有的宇宙。它令人敬畏。不同的人會來這種。

朵：來這裡的人有什麼不一樣？

珍：他們的發展必須達到一定的層次或程度，不然不會到這裡。他們必須有一個共同的目標。雖然他們會有多重目標，但其中一個會把他們帶到這艘船上。這是聯盟的船。

朵：這艘船還有什麼不一樣的地方？

珍：房間的形狀。它們不是四四方方的，跟你曾經去過的房間都不一樣。它們有很多面，有八面。

朵：是什麼原因要有八面？

珍：我不知道。

朵：這艘船裡的房間都是這樣嗎？

珍：船裡面，內部有四個房間，船的中心有八個面。外部的房間有人正在接受教導。外面的房間是圓弧形的，沒有分哪一面。

朵：這是艘大船嗎？

珍：噢，很大。它是……噢，天啊，它很巨大。

朵：有很多人在上面嗎？

珍：是的。有很多人，但他們不全是為了相同的目的來到這裡。而且他們不會去同樣的房間。

朵：他們還會為了什麼目的來這裡？

珍：有些是為了整合的工作。

朵：什麼意思？

珍：這表示他們的發展層級到了改變的時候。身體、靈性、情緒、心智、因果、星光體都必須整合。所有的體（bodies）。有時會有分子的重建。有些人融合。有的人只是去上課。有些是來教導。有些人是來參加其他的活動。

朵：那裡都教哪類的東西？

珍：聲音的力學。光的力學。能量的力學。分子重建的力學。非物質化的機制。同時在兩地出現的機制。平行宇宙的機制。時間的機制。微粒物質和能量的相關空間力學。還有透過時間和空間移動，以及跟光有關……超越光，超越光速的力學。我還可以告訴你很多主題。

朵：到這裡的人是帶著身體來的嗎？

珍：有些是，有些不是。但你要知道，就算你是在身體裡，來到這裡以後也會改變，所以這並不重要。如果學生是帶著身體來，他們大多會待在自己的身體裡。但老師和神的化身可以轉變成能量，在某種意義上，他們補充能量。他們恢復生氣並且會做很多跟能量有關的互動與工作，他們也瞭解如何把能量帶回到物質／有形世界並傳送出去。他們一回去就會繼續他們的工作。

朵：那麼即使是地球人也這樣做嗎？

珍：喔，很少地球人是真正的**地球**人。「地球」上的人被帶到其他的太空船，不過有些地球人其實並不完全是地球人。他們是地球上的人，但有專精的發展領域和層級，他們不僅在物質層面運作，也在多重次元的層面上運作。他們在自己的地球形式裡（譯注：指人類形態）不見得會覺察這個情形。但一旦進了太空船裡的房間，他們就會意識到自己在不同分子架構的運作和跨次元與星際間的服務工作。所以當你到了這裡，事情就超越了一般的幽浮現象。超越了。

朵：那麼當他們把上課學到的知識帶回地球，他們會用得到嗎？

珍：會用到。你可以說知識是在他們的身體裡起作用，他們因此帶有一種振動頻率。他們最重要的任務之一就是維持他們在這裡獲得或接觸到的振動。當他們回到地球，那個振動率會被整合到他們的存在。他們會在適當的時候使用那個振動。那個振動也會在未來，隨著我們前進到下一個世紀的時候，以許多方式為他們服務。

朵：這些人在意識上並不記得，對嗎？

珍：他們是有可能在意識狀態下記起來，這要看那個人的腦部結構而定。有的生命體可以在實體世界運作，並且維持在一個可以產生結構重組的發展層面上，而且在實體世界的運作非常正常。當……（突然中斷，顯然有狀況發生。）

朵：怎麼了？

珍：（珍妮絲回來了）我想我們現在要轉移到別的地方了。現在要去另一個房間。這裡不完全是走道。這裡有四個房間，每間都有八面。我們必須穿過這四個房間。

朵：你們是從一個房間走到另一個房間嗎？

珍：不是。我們不是用走的。我們手牽著手移動。我們靠思想移動。

朵：隔壁房間裡有什麼？

珍：隔壁房間其實是不同類的地方，它是金屬的，我們現在要用不同的方式在這裡工作。（突然吸了一口氣）噢，我的天啊！（喘氣）

朵：怎麼回事？

珍：我們只是……空氣！我們在這裡非物質化了。

朵：可是你們在另一個房間的時候還是實體的。你是這個意思嗎？

珍：噢，好棒！（她很興奮。事情顯然出乎意料。）

朵：這個房間是用來非物質化的？這麼說對嗎？

珍：就是這麼回事。

朵：目的是什麼呢？

珍：我不知道。喔，現在我們不再是分離的人了。（呼吸沉重）我們不再是個別的了。（開心的笑聲）噢，我的天啊！

朵：你能解釋你是什麼意思嗎？

珍：（躊躇，說話含糊，甚至有困難。）喔！天啊！我好熱！（我下暗示，讓她感覺涼爽。）我要燒起來了！

朵：你說你們不再是分離的人是什麼意思？在那個房間有發生什麼事嗎？

珍：是啊，我們進去，然後，咻地一下！我們不再是分離的人。

朵：你們是什麼？

珍：我不知道。就不是人了。（開心的笑聲）我知道的是：這個部分是我的，這個部分是你的，這個部分是我的，這個部分是你的。可是我們不再是分離的個體了。

朵：什麼意思？不同的部分散布在房間裡？

珍：（笑聲）不是，不是，不是，不是。不是一部分，它們不是……

朵：你在指來指去（輕聲笑）。

珍：噢，對不起。我的意思是，我們不是個別的人。而是：他在這裡，我在這裡，我們都在這裡，但我們是同一個人……我們不是物質的，不是實體的……你碰不到。你可以觸摸，但你觸摸不到（咯咯笑）。我們不再是分離的人。

朵：你的意思是你們已經融合在一起了嗎？還是什麼？

珍：顯然是這樣的。是純能量。這裡沒有實體的形式，但還是有一個形體。有個形體，不過不是身體形式，不是物質形式。我知道我是我，他知道他是他，但我們知道我們不是自己。

朵：你們還保有自己的人格嗎？

珍：哦，我們是，但又不是。我們是不同的。我們是彼此，但我們又是同樣的……混和的了。

在她說這句話的時候，錄音帶上又出現了像是引擎的低沉隆隆聲，麥克風還因此震動。很奇怪的聲音。是能量嗎？

珍：那就像是：這個分子是他的，那個分子是我的，這個分子是他的，這個分子是我的……。我知道，他知道，但整體來說它們不是我們的。

朵：所以你認為「混和的」可能是更好的用詞。看你微笑的樣子，感覺似乎很好。

珍：噢，很美妙！真的很棒。那是最完整的和諧。就是這樣。純粹的……噢！他們現在在告訴我，那是本質能量。

朵：本質能量？

註記：本質能量指的是最純粹的形式嗎？最初或最原始的類型？神的能量？

珍：它是能量。它是**我們的**能量。它們一如最初，在最純粹的形式裡。這個分子是我的，這個分子是他的，這個分子是我的，這個分子是他的，但它們都是我們的分子。而且它們是光。它們在旋轉，在快速移動，看起來就像一個迷你的星系。

朵：你原本說像氣體，但現在它看起來像是小小的光點？

珍：是啊。沒錯。感覺真好。

朵：但你仍然知道你是你。

珍：是啊，我知道我是我，也知道他就在這裡。我是我，他是他，但我們不是分開的。

朵：這就是這個房間的用途嗎？讓你知道這是怎麼回事，還有是怎樣的感覺？

珍：是啊，這樣一來，你們就能以一個整體移動，從這裡穿越太空到其他的星系。穿越任何已知的星系，經過任何已知的宇宙。在這個存在狀態下，你們能從這個房間移動到任何東西裡，**進入**任何事物，而且絕不會失去自己的本質。因為你也同時可以變成自己所想的任何事物。

最後這句話又伴隨著奇怪的引擎聲，造成錄音帶的震動與所錄聲音的一些失真。

朵：這樣做的目的是什麼呢？

珍：改變特定的實體物質在結構上的能量模式。當我們回到實體／物質世界，如果有需要，我們就有能力在實體狀態下改變實體狀態的能量模式。在一個身體狀態裡。在一個有生命或無生命的物體裡。

朵：你們不用再靠那個房間就可以做到？

珍：不需要。一旦你有過這個經驗，你不必在這個房間也能進行。

朵：一旦經驗過就知道怎麼做？你的意思是這樣嗎？

珍：你會知道怎麼做，但這不是說你以後就不會再回來重新體驗這個房間。因為體驗這個房間會重建本質能量的整體性，因為它（指本質能量）在實體／物質中可能會變得破裂。本質能量永遠不會消散，但會重新配置（reconfigured），這是因為它跟不同的身體互動的關係——這個字……。是類似的意思，不完全是這個字。

朵：那麼你們之後還去了別的房間嗎？

珍：我不知道。現在只是在旋轉。事實上像是你出去到了外太空，現在你**是**一個旋轉中的星系。

朵：而你能夠感知到它的整體。這麼說對嗎？

珍：完全正確。

朵：那麼你們是無限的。

珍：噢，絕對是的。沒有任何侷限。你甚至不知道何謂侷限。

朵：沒有限制。

珍：沒有任何形式的限制。

　　這是不是就類似於神的「身體」呢？因為祂同時在所有的地方？據說我們是神的身體的分子／細胞，而我們最終的目標是重新聚集，也可以說是重新整合，進入造物主完整的身體或存在。據說，我們是在一開始的時候分裂出去的。而那也是透過同樣的過程嗎？所以這是在對珍妮絲解釋我們如何是一個個體卻又仍是一**體**。也許這是我們對神的完整性或複雜性，還有我們在祂的宇宙裡所扮演的角色最接近的瞭解了。

朵：這是外星人運作的方式嗎？

珍：是這些外星人。

朵：不是全部？

珍：不是所有的外星人，而是這些外星人。

朵：所以不同的外星人有不同的能力？

珍：一點也沒錯。

朵：好，讓我們移動到那個經驗結束的時候。我們可以看看之後還發生了什麼事。

珍：（大嘆一口氣，然後感嘆。）噢！喔，感覺好好玩。（笑聲）噢，天啊！這真是……回到你的……

就像……（困惑）就只是移動。就是非常快速。你只是在收集你的分子，它們移動得好快。

朵：你的意思是你必須把它們收回來？

珍：嗯，這是自然發生的，好像就該這麼形容。收集**你的**分子。不，收集不是正確的用字。重新集合／聚集才對。不是收集，但它們是一起回來的。

朵：你認為這個房間像是個機器還是什麼東西嗎？

珍：不是。這跟房間裡面的能量有關。房間裡維持著一個頻率，所以你一走進去，事情就發生了。不必是一台機器。這是因為你攜帶的能量和房間裡的能量相符的關係。轉化並不用機器，它是自動發生的。只有在這個層級以外才會用上機器。這是這類工作的最高層級。

朵：那麼當你準備好的時候，分子就會一起自動回來？

珍：這要看你到這個房間的目的是什麼。你會因為很多不同的目的來到這個房間。

朵：如果有不同振動的人進入那個房間會怎樣？也有同樣的效果嗎？

珍：（她不瞭解我的問題）什麼？什麼不同？

朵：你之前說當你進入那個房間，你的振動跟房間裡的振動是相符的，於是事情就自然而然發生。

就是在這個時候，她的聲音又一次變得很有威嚴。顯然地，我接下來並不是在和珍妮絲說話，而是一個能夠提供更多詳細資訊的存有。

珍：這個房間有多重用途。跟珍妮絲和肯不同振動的人也會進到這個房間。因此你必須瞭解：如果有另一個振動進入了房間現在的振動，身體會分解為虛無，再也無法重組。你必須瞭解的是，學生不能進入這個振動。所以學生要進入之前，房間的振動頻率要先做調整。在珍妮絲和肯的情形，你必須知道他們是在老師的層級。他們進入這個房間的目的跟學生不同。

朵：我好奇的就是這個：一個人是不是會消失，永遠無法重組回來。

珍：這對你來說是很實際的問題，我也必須說，這是非常聰明的問題。

朵：謝謝你。我總是想學習。我想知道如果是不對的人進到那個房間會怎樣。不過或許他們根本就不會被准許上太空船，是嗎？因為不對的振動？

珍：不對是在於……

朵：負面或不協調。

珍：我想你沒有意識到你在哪裡。負面根本就不在這艘船的可能性範圍裡。

朵：聽起來是沒有，但還是有可能某人進到這個房間，而他……

珍：沒有那個可能。因為我們控制這個房間的振動。而且，只有老師級的學生才能進入這個房間。好，我們有老師級的學生，還有老師。

朵：我明白了。我現在是在跟誰說話？

珍：你是在跟負責這個房間的人說話。

朵：謝謝你回答我的問題，雖然這些問題聽來有點幼稚。

珍：都是些很聰明的問題。

朵：你管理全部四個房間還是……？

珍：不，我只負責這個房間。我學了很多年才對調整振動變得熟練。這是我最終最偉大的工作。我在這個房間教導學生。這是我在這艘船上的目的。

朵：要確定一切都是正確運作會需要許多訓練，也是很大的責任。

珍：事實上，我來的地方是不需要訓練的，因為我們是——你應該會這麼說——我們是生來就知道這些事。所以不需要訓練，我事實上不是「受訓」來做這個工作，而是因為我的能力才被選來負責這個房間。

朵：你是男性還是女性？還是沒有性別？

珍：我基本上是男性，但我也有女性特質。

朵：你能告訴我你原本是從哪裡來的嗎？

珍：我來自齊勒（她把Zylar拼出來，以確定我寫的正確）。那是你們現在還不知道，還沒有發現的一個星系。

朵：我們用望遠鏡也看不到？（看不到。）你是類人生物嗎？

珍：是的。在某個意義上，我是的。我們認為地球人是類人生物，因此在這點我可以回答：「不是。」但有關我會如何呈現身體，或是如果我想的話，我能呈現什麼樣子，答案就是：「是的。」

朵：你有一個多數時候維持的正常狀態或是外觀嗎？

珍：嗯……我的正常狀態是純能量。所以我不一定要變成實體的，因為……在身體裡的必要是……為什麼我要在身體裡呢？

朵：換句話說，你不需要。（對。）因為你大多在能量狀態下運作，所以才能行使老師和那個房間的維護者的職能，對嗎？

珍：沒錯。

朵：可是你確實說過你主要是男性但帶有女性特質。

珍：哦，我的意思是我有女性能量。我是男性和女性能量的完全平衡。

朵：我把那個特質與身體聯想在一起了。

珍：不是的。我瞭解你談的大多是身體，而我談的大多是能量，我們在溝通時因此會有差異。

朵：我和別的生命體談過，他們說他們在能量層面上運作，他們可以顯化出他們想要或需要的任何事物。你也是這樣嗎？還是你是不同類的生命體？

珍：不，我也是那樣。

朵：我被告知有很多星球和城市的一切都是在能量上運作。

珍：絕對是的。你必須瞭解，除了我的星球以外，還有很多地方的生命體是在類似的情形運作。

朵：在不同的星系裡有很多是這樣的嗎？（**是的。**）但你的星球是實體的嗎？

珍：是實體的星球。

朵：但居民卻不是實體的？

珍：他們想怎樣都可以。他們有選擇，如果他們選擇實體狀態也不代表他們一定要維持在實體的狀態。他們可以今天是實體，是有身體的，明天卻不是。他們可以選擇這分鐘實體，下分鐘非實體。這要看個人的渴望或他們想要參與哪個層次的互動。所以這其實是在學習操縱能量，因為實體是一種娛樂、一種消遣。從一個層次移動到另一個層次很有趣。你為什麼要在實體中運作就跟你為什麼要在能量狀態中運作有各種不同的原因。有些在實體形式發生的事會讓你想要以實體的方式存在。

朵：可是你們可以在這兩個狀態裡隨心所欲地來回操作。所以說你們並沒有被困住。（對。）

雖然這些概念在一九九〇年初聽起來完全就像科幻小說，如今卻普遍出現在新近的電視影集和電影。透過這類科幻節目，它們現在以人們可以理解的方式呈現。這些能量體，尤其是有一種流動的液體形態，在《銀河前哨》（*Deep Space Nine*）影集裡就是固定的角色。他們也被稱為「變形者」（**Shape-shifters**）。平行實相和平行次元世界則出現在《星際爭霸戰》（*Star Trek*）、《時空英豪》（*Sliders*）和《星際之門：SG-1》（*Stargate SG-1*）等電視節目裡。隨著我們的心智越來越能理解複雜的理論，科幻小說也越來越成為科學上的事實。

朵：你能告訴我其他你知道的星球嗎？

珍：我現在不被允許這麼做，但以後我會和你討論。也或許我不會是跟你談其他行星的老師。因為我的領域是能量，如果你想知道能量的事，我會教你，會告訴你，但我不一定能跟你討論其他的領域，因為那是別人的專長。而我尊重他們的專長。

朵：我只是好奇，我並不知道規則。

珍：除了你應該要和最高層級的專家討論外，並沒有什麼規則。因為你現在就是在這個領域運作。

朵：對我來說，現在一切都很混亂，似乎超越了我的心智能力，可是我一直都想學習。所以如果我想問跟能量有關的問題，還有它們的屬性和用途，不論是哪一種，我應該要找你談嗎？

珍：我會回答你的能量問題，是的。

朵：我要怎麼知道該跟誰聯繫？

珍：你會來到這個房間。我會在這裡。我一直都在這裡。

朵；那我就稱你是管理者。

珍：如果你想的話，你可以這麼稱呼我。

朵：金屬房間，金屬能量房間的管理者。

珍：就叫它能量室吧。因為它雖然看起來像是金屬，事實上不是。

朵：你能告訴我，我曾經來過這艘太空船嗎？

珍：沒有，我相信你沒來過。就發展層面來說，你曾經去過另一艘離這裡很遠的太空船。

朵：所以是為了不同的發展去不同的太空船。這是在睡覺時發生的，所以我們並不知道？

珍：這可以在許多狀態下發生。可以在睡眠狀態或意識狀態。在剎那間，一眨眼的工夫，你可以來了這裡又回去。你知道的，能量就是這麼運作的。

朵：而我們永遠不會有意識的知道。

珍：你們可能會想：「我原本是要去另一個房間拿鉛筆。**可是**……我要去拿什麼？噢！我要去另一個房間拿鉛筆。」而就在那特定的時間裡，你已經去過船上又回來了。那對你們來說就只是一下子而已。

朵：然後我們在那裡的時候就學了東西。

珍：正是如此。

朵：我為什麼曾經需要去另一艘太空船？

珍：事實上是你想去。即使你的意識心沒有意識到，也不認為是自己想去。那是因為你的工作，這會幫助你更能理解個案。如果你瞭解能量，你會知道你的能量隨時都在跟你的個案互動。在你的內在有時會發生一些轉換，讓你跟個案調諧，理解個案。你在意識上並沒有察覺自己**知道**怎麼去做，但你**確實**知道要怎麼做。

朵：這是為什麼我能取得這些成果的原因嗎？

珍：這當然是一部分原因。但這只是為什麼你能得到成果的一**部分**原因。你能有這些成果是因為**你有純粹的本質能量**，而你蒐集知識的意圖很純粹，你不是別有用心，也不會濫用或誤用資訊。因為當我們告訴你還不到散播資訊的時候，你就不會散播出去。

朵：沒錯。

珍：我很尊敬你。

朵：謝謝。我通常不知道我在找的是什麼，但至少會問問題並努力累積資料。

珍：是的，可是你在很短的時間裡進步了。或許在你的意識裡，你不是真的覺察到，但你自己也知道，你領會概念的速度已經比剛開始做這個工作時要快，不是嗎？

朵：是的。一開始即使是簡單的概念聽起來都很奇怪。

珍：一開始一切都很奇怪，但現在卻沒有什麼會嚇到你。這是為什麼你會到船上的部分原因。因為要有些調整，而調整只能在太空船的層面上發生。你是同意的，雖然你可能不會這麼說。而到太空船並沒有干擾到你的生活。為了繼續你的工作，這是必要的。

朵：那麼最好是在意識不知道的情況下做這些事。

珍：這要看你是怎麼希望，而你希望的是現在還不要意識到。你隨時都能改變。你可以改變，可以想要知道。如果你想知道，我們會找到適合的時間和方法，讓事情開始在很慢的速度下發生。

朵：我向來覺得我就當個報告者比較好，就繼續累積這些知識。

珍：這完全是你的選擇，由你決定。你隨時能來這裡。如果是在你該知道的時間架構，這些能量問題就會得到答案。如果不在你該知道的時間，那麼我必然會拒絕回答。無論如何，你將可以跟能量合作，因為你未來很有可能要開始解釋一些複雜的理論。

朵：我對那類事情並不瞭解。為了讓我能夠向大家解釋，必須用我能理解的方式解說給我聽。

珍：這是為什麼你會和珍妮絲連結的部分原因。如同先前跟你說過的，她的專長有部分是將複雜的資訊帶到實體層面，再用實際的方式去解釋。那是她在地球上的訓練之一。過去十二年來，她都在地球層面上進行她在靈性和能量層面上一模一樣的事。

朵：為什麼人們學會這些事並帶回地球很重要？這在我們的星球上有什麼用途嗎？認識這些能量，好讓我們能操作它們嗎？

珍：這要看你參與的是哪個計畫。這個情形也會在那些把生命奉獻給平衡地球能量，但不見得有參與計畫的人之間變得更普遍。他們必須知道這些事。每當有時間進行整合或是提升的工作，或是其他目的，他們會來這個房間對自己的身體做部分調整。因為當他們進到這個房間，一旦有了非物質化和分子配置的過程，他們就不再一樣了。

朵：你的意思是他們經過被分解為分子的過程之後會變得不一樣？

珍：不必然是有生理上的變化。可能會有，但在某些情況下，如果身體在運作……會有一些身體上的影響……這變得很複雜。如果你想的話，我會對你解釋。身體可以改變，會受到影響，不過通常不會。

朵：珍妮絲很多次醒來後發現身上有瘀青。這跟你的領域有關嗎？

珍：（輕聲笑）我很抱歉她有瘀青。那就是我說的，你來這個房間做這類工作的副作用之一。我在她無意識的狀態下已對她解釋過。她的潛意識知道會發生這種事，但沒辦法避免。

朵：我只是在猜想，是不是在分子重新聚合的時候發生了什麼事，所以造成瘀青？

珍：這要看分子重新聚集的方式而定。有時發生在地球層面的事……嗯，時間。和時間有關，要看分子是什麼時候再重組，還有是怎麼進行的。如果在時間結束前發生了干擾，就有可能受損。

朵：這是在你的房間還是在他們回來的途中發生的？

珍：大多是在回到地球的物理振動，還有回到身體在離開地球前的原有振頻時發生的。因為身體離開地球時所帶的振動和它回來時的振動並不一樣。

朵：當身體分解後又重組並回到地球，它是在比較脆弱的狀態嗎？

珍：事實上內在是更強大。但對實際的身體結構來說，因為人體結構的脆弱，那會是你們能夠運作的最高能量了。帶著那個振動回來是很偉大的事。去過這個能量層級，還能回到身體形式很令人驚歎。只有特定的人才能做這種工作。不是每個人都做得到。

朵：我想這就是瘀青發生的原因。因為身體經過重新聚集和結合時會很脆弱。

珍：沒錯。能量進入身體並且開始透過身體消散。如果身體有些地方不完全……嗯……能量或許沒有以適當的速度通過，也或者如果身體動了一下，如果有任何一點動作，任何，我說任何，包括呼吸在內。

朵：在重新進入的時候？(是的。)但不呼吸難道身體不會難受？

珍：身體被保護著。它在能量狀態下不必呼吸。

朵：而如果有任何一點點動作，就可能會造成瘀青。

珍：有時候身體會試圖接管能量。因為它意識到它的實體性的同時，也意識到它的能量性質。當身體在時候不到就想接管能量時，就會發生這個問題。

朵：她的右膝有些問題。你對右膝的問題知道些什麼？是某次在太空船上發生的嗎？

珍：不是，那是在地球上發生的。她跌倒時扭傷了膝蓋。我們需要她繼續做這個工作，沒有時間讓她受傷，所以我們替她醫治傷勢。如果她沒有把裝置取出來，膝蓋早已經痊癒了，但她拿掉了，所以……

催眠還沒開始時，珍妮絲告訴我，她在膝蓋的皮膚底下發現一個小腫塊。她取出了一小片黑色的東西，不明白怎麼會埋進她的皮膚。她覺得這事很古怪。

朵：她很好奇，不知道那是什麼。

珍：我們瞭解，我們沒有因為這件事生氣。所以我們改用另一種方式，從遠處幫她治療。

朵：那麼她是在某次到太空船時，被植入那個裝置，這是為了要修復膝蓋？

珍：是的，但不要把這個裝置跟植入物混為一談。因為她已經不需要植入物了。

朵：她已經超越了那個階段。好，那個小裝置的用途是什麼？她說它又小又黑。

珍：它很小。它是黑色的。它很類似你們拔牙時牙醫放進洞裡，對牙齒蛀洞釋放藥物的東西。這個裝置會釋出特定的療癒能量到膝蓋裡。

朵：那麼當她拿出來，就干擾了這個療癒的過程。

珍：是的。不過它不是必須一直在那裡，放在那裡只是讓她舒服一點。

朵：現在你們是從遠處進行療癒。（是的。）好，謝謝你給我這些資料。只要你同意，我下次想問問題時，一定會再來找你。

珍：我很歡迎你來找我，因為我還有很多事要告訴你。

朵：以後我會先規劃好要問哪些問題，因為這次是在我沒預料到的情況下發生。我可以讓珍妮絲回來了嗎？我想問她在太空船上還發生了什麼事。

珍：她已經不在這個房間了。

朵：我能找到她嗎？她去了哪個房間？

珍：她現在事實上是在房間和房間之間，正在等你對我感到厭煩。

朵：（笑聲）好。那麼我就去找她了。

珍：謝謝你過來，我很喜歡我們的談話。

突然間，聲音有了變化。聽起來比較溫和，比較女性。

珍：在你找到珍妮絲之前，我想先和你說句話。你之前跟我談過，我想你知道。

朵：哦，我跟很多人說過話。

珍：你通常叫我「醫師」，雖然你不是很想這麼稱呼我。

朵：上次我們說話時，我還以為你是在太空船上的其他地方。

珍：喔，我不是一直待在房間那裡。我可以到船上的其他地方。但我想對你說的是，我照顧珍妮絲的整體健康。你通常稱我是醫師。

朵：你確實有告訴過我你是醫師，雖然不是我們熟悉的醫師類型。因為你也跟能量有關。

珍：沒錯。我跟你剛剛說過話的存有工作，我們的合作非常密切。這是為什麼我想和你談話，讓你知道我們這邊有努力在共同協調。我們以珍妮絲和肯的福祉為第一優先。他們是美好的能量。

朵：那麼你不是跟我在那個房間裡對話的生命體？

珍：噢，不是的！

朵：你是在我剛剛要離開的時候叫住我？

珍：嗯……我本來就在場，我不想開口打斷你們。

朵：我就覺得聽起來不像是同一個人。我的確認得你的聲音。

珍：很好。你有好久沒來了。

朵：噢，我的生活裡發生了很多事，我有好長一段時間沒辦法去珍妮絲住的城市。

珍：嗯，我們一直在等，希望你會來。

朵：我有很多問題想要問你，但我不知道現在適不適合，有沒有時間。

珍：這完全由你來決定。

朵：好，我們對珍妮絲發生了什麼事很好奇。這是為什麼我會問到她的膝蓋，還有瘀青的事。我們的問題得到了答覆。所以如果我有醫療方面的問題，我可以來找你嗎？

珍：可以，如果你有醫療、心理、社會學方面的問題。珍妮絲和肯的健康和幸福，每個層面與機能都跟我有關。你知道，其實是我們是在為他們服務。我們服務他們，不是他們在服務我們。這是我想釐清的一件事。這也是為什麼我要跟你說話，因為你從來不問這個問題，大概也從沒想到過。

朵：我大概不會想到。

珍：但你知道的，珍妮絲和肯都是非常高素質，他們在比我們高得多的層級上運作。事實上，你要知道是我們服務他們。讓我看看我能不能解釋。他們是許多計畫的指導者，他們不完全是只跟一個能量或一群生命體合作，也不是只有一個目的。他們有很多不同的計畫，並且管理這些不同的計畫。

朵：可是他們在意識上並不知道。

珍：某程度上來說，珍妮絲開始有些意識到，因為她的整合已經到了她在實體層面可以知道的程度，而且用肯還無法記住的方式接受教導。這只是一個實際上能夠……(嘆氣)我想傳達給你的事沒有詞彙可以形容，除了……(困惑和沮喪)噢，唉！

朵：你能找到任何接近的概念嗎？

珍：(困惑)或許吧……我想想。不行，我可能沒辦法形容。必須保持平衡。像珍妮絲和肯之類的生命體，為了在他們運作的所有領域和許多星系裡操作並維持功能，一定要有一個他們能時不時回去以重建平衡的地方。所以他們在這艘船的目的是為了要重建那個平衡。好，在實體層面上，他們是一起來的，這是因為他們的工作要求他們現在共同在一個實體的狀態裡。過去並不是這樣。他們必須要進化到一個程度，才是時候在實體和其他層面上連結。

朵：我正想問這個。他們為什麼會在多年不見之後重逢交往？

珍：他們在實體世界有工作要做。他們會漸漸知道這些計畫將在他們的意識形成和發展。他們因此能對地球發揮更大的影響力。

朵：另一個存有提到有別的人也以同樣的方式工作。

珍：是有其他人以同樣的方式工作，但你會發現他們並不是以同樣的方式連結，也許不是像珍妮絲和肯的方式。珍妮絲和肯連結的方式非常少有。

朵：他們的能量似乎因此更相容、更諧調一致。

珍：嗯……這就像你對能量管理者問到負面事物一樣，這兩者並不相關。他們的能量互動超越了地球人所知的任何相容因素（compatibility factor）。

朵：我認為他們在這麼久之後能夠重逢並且在一起是很棒的事。

珍：噢，那只是時間上的問題。如果他們以前做了不同的選擇，過去可能就在一起了。此外，你必須瞭解，地球的歷史已經到了一個非常關鍵的點，他們有必要在實體狀態下在一起。因為在實體狀態下，發生在能量室的事也同樣發生在他們身上。那是以微妙得多的方式發生在實體狀態，但它會發生，而且會被注意到，只是人們不會瞭解他們所看到的事。

朵：人類就是這樣。你能告訴我其他房間的用途嗎？

珍：這個我無權跟你討論。你將會體驗到，但也許不是這次。我不確定你接下來會被引導到哪裡。不論是什麼資訊，我都希望先跟議會討論過，你再寫進書裡。就我的理解，透過珍妮絲傳達給你的資訊都先由議會傳達，然後你才能寫到書裡。因為以我的瞭解，除非得到許可，就算你想寫進書裡也不會有結果。你現在還沒有意識到一切都會相互作用，互相影響。你在你的一些工作中領悟到時機的重要。所以如果這個層級的資訊，在歷史時間的特定事件發生前就被散播出去，假使不是到了適當的傳播者或適當的轉譯者，或有適當形式的能量轉變等等，換句話說，如果它落入你們星球平衡的負面那面，那麼負面就有可能會被強化；透過瞭解能量的正面機制，更強烈的負面層次可能被創造出來。所以我現在試著用一種不複雜的方式來簡短的說：在你傳播資料之前，你不僅要得到珍妮絲的許可，還要得到傳送訊息的議會的許可。因為你要知道，有些特定事件將會發生。你在你其他的書裡討論過那些事件。在特定的歷史事件發生以前，特定的能量資料不能被散播，這是很重要的事。我不知道你是否聽說過我說的那起事件。如果還沒有，那麼我需要告訴你。

朵：我現在什麼都不會做。目前我只是蒐集資料，然後會等你們的指示。

珍：有一個重要事件，事實上……他們要我跟你說這個。你得知的這個資訊，特定元素的機制不能被散播出去。這很重要。我的議會現在變得很激動。他們話說得很快，我來不及告訴你那一大堆的字，只能簡單告訴你，在適當的時刻到來以前，你不能散播資訊。有些特定資訊在時間沒到之前，不能在實體層面曝光。就是不能。

朵：我會非常謹慎。

珍：(嘆氣)有太多人在同時說話。太多人在說話。(呼吸沉重，顯示不太舒服。)

朵：沒事的。平靜下來，我不會在未經任何人許可的情況下使用這些資料。我會非常、非常謹慎。(她平靜下來了)如果我讓你不安，我們可以換個主題。我只希望我沒有讓你惹上麻煩。

珍：沒有，不是麻煩的問題。只是有振動注入，我自己的振動因此被提升到我不習慣運作的層級。而且我有一點……(深嘆口氣)可是你必須聽到這個，所以你必須給我一點時間去適應……他們指示我到自己的能量層級。(大嘆)

朵：好的，請到那裡適應。我在我的層面也有事情要做。

我把錄音帶拿出來，放另一卷進去。

朵：你現在覺得好點了嗎？

珍：(困惑)只是有個……(呼吸沉重)

朵：我真的希望我問你的事沒有對你造成問題。

珍：沒有對我造成問題。那是在較高的層級，在高階得多的層級上造成問題。

朵：因為我不想對任何人造成任何問題。

珍：對，那是你對你可以和不可以散播的事有所誤解才造成的。我剛剛跟你說到能量注入的振動調整，同時間神聖房間的成員也在指示我，而我沒有意識到那個房間裡能量的力量。(她仍然能感受到那個效應。這是造成困惑和無法溝通的原因。)**我**不進那個房間的。**我**是從能量室跟你說話，我習慣在那裡運作。而珍妮絲和肯是在另一個地方的另一種存在狀態。我在這個地方，他們在那個地方。所以有這個地方和他們的地方和實體的地方。因此你必須明白，和你討論並讓資訊透過一個具有身體的存在體傳遞，有時候情況會變得複雜。

朵：神聖房間裡的人似乎就是議會成員，他們在留意我們的話題。他們顯然認為你……

珍：(打斷我的話)他們一直都知道，他們在監督跟你討論的事情。無論如何，那時候有某個很強大的東西通過我。

朵：我當時在想，他們是不是以為你可能在向我透露還不到時候可以透露的事。

珍：現在是你知道部分資訊的時候了。(呼吸沉重和困惑)不好意思，我現在無法適當運作。請見諒，我正在回歸自己。

朵：如果我有造成你的不舒服，我很抱歉。

珍：噢！那不是不舒服的那種不舒服。那只是……噢！我被帶去……非常感謝你……那是……對我來說是一個震撼的體驗。你知道，我不被准許進去……那不是准許不准許的問題。只是我不進到那個房間，因為……噢！……我有點茫然。(再次感到困惑)

朵：我主要是想清楚他們不想要我做什麼？

珍：是的。我現在被維持在這個頻率了。你要知道，重點是我現在不是在我自己的振動上運作。這個情形有可能改變。你可以直接對其中一位神聖長老說話，如果你……我不確定這裡會發生什麼事。

她之前在深呼吸，努力調適。所以當她突然發出很大一聲而且聲音又不同的時候，我因為毫無準備而嚇了一跳。「朵洛莉絲！」那個聲音很有威嚴地要求我的注意。

朵：是。

珍：(呼吸平靜下來了)朵洛莉絲！

朵：是的，我聽到了。

珍：你聽得清楚嗎？

朵：是的，我聽得很清楚。

珍：除了你有形的耳朵之外，你也聽得到我說話嗎？你可以在腦袋裡聽見我說話嗎？

朵：這個……我不知道……

珍：你能以一種光的感覺聽到我說話嗎？你能聽到光嗎？

朵：我不知道那是什麼感覺，可是我有感覺到些什麼。

珍：那你就知道了。這對你不會有傷害，但我無法用你習慣的方式和你溝通。我會試試看。我正在模擬聲音，不過這不是我的做法。我一定要告訴你一些事，因為你進入了一個並沒預期你會進來的區域。

朵：有造成任何問題嗎？

珍：你的問題的意義跟我們所說的問題不一樣。不過你需要調整珍妮絲的身體，因為我在某種程度上正在使用她的聲音，但又不是在用她的聲音。她不會有任何身體的不適，除了……（嘆氣）你需要給她指令調整自己。調整自己。

朵：調整適應能量嗎？還是什麼？

珍：你需要給珍妮絲的身體……快點對她的身體下指令調整。做就對了，對她的身體說要調整。（強調的語氣）對她的身體說要調整！

朵：好的。我現在在對珍妮絲的身體說話。我要它調整。我要它放鬆（她的呼吸再度慢了下來），平靜下來。這只是一股透過你說話的不同能量。調整並且放鬆。你不會有任何身體上的傷害。這是很好的感覺。一種非常放鬆的感覺。正在發生的事只是不一樣而已，但是身體可以處理得很好。好。她在調整了嗎？

珍：（甜美的女性聲音）她在調整，是的，她正在調整。

朵：好。你說到我進入你們沒預期我會進去的區域。

珍：（又變成權威的聲音）讓她調整！這很重要。你必須瞭解，你已經跨越了許多能量層面。我們不能讓身體有任何傷害。現在珍妮絲是在四個能量狀態下運作。你沒有意識到這點。你必須包容我們，因為有一些……轉換。非常快速的轉換，她的身體在那四個層級上無法適當調整。

朵：好的，我也希望她沒有任何傷害。

珍：對，但你這一刻是在最高的能量狀態工作。我們必須告訴你，這種情況偶爾會發生。我們會引導你。不用擔心不知道要怎麼做。你可以看到，對於特定的身體，我們到了一個許可和不許可的程度。這也和特定的神聖空間有關，和特定的能量空間有關，和特定的停滯模式空間有關。我們有這四個狀態存在著。你必須瞭解的是，這些層級都有分子不停地在動作。動作。而當你超越時間，當你用快於光的速度穿越不同形態的時間，甚至到達這個能量層級，特定的**快速**改變會造成模式改變，然後一路影響到身體結構。維持平衡非常重要。我們永遠不會讓這個生命體（指珍妮絲）或肯失去平衡。他們**不能**失去平衡。這是他們依然能在他們的身體裡運作的原因。肯這一刻的身體是在一個失衡的速度。我們正在和他一起把他的生命帶到一個平衡點上。他遇到了困難，我們正和他一起工作。雖然他現在不是在有意識的狀態，而且也不能恢復意識。但他將會透過珍妮絲被喚醒（指恢復意識）。肯雖然現在是在他位於奧克拉荷馬州的家裡的床上睡覺，但他也和珍妮絲一起在不同的存在狀態。**知道**這個很重要。你必須知道這些事。你意識到你聯繫到的是什麼很重要。因為你並不總是意識到。這個不是缺點。請瞭解，我們並不認為這是你的缺點。你必須瞭解，這些只是你不熟悉的方式，因為你並沒有在這個層級上工作過。你**真的**沒有在**這個**層級上工作過。你曾經接近這個層級，但不曾在**這個**層級。這是你跟珍妮絲連結的原因。你之所以會在特定的其他層級跟其他能量互動，在於你的內在有來到那個層級的意願。在某種意義上，你真的會……雖然它對你的實體生活或你的能量不會帶來改變，但你會不然感覺有些不同。那會是好的不同。好，你現在必須瞭解的是，你有來到這個層級的意願，你不會和珍妮絲一起來到這裡。

朵：換句話說，我本來會被擋在門外。

珍：本來不會被允許進入。所以你已經準備好要來這裡了。現在你應該知道，在某個意義上，有些事對你來說會變得容易一些。這對你會是自然而然的轉變。當我用到「調整」這個字的時候，不要誤會，因為它在能量層次跟你在你的存在狀態所表示的意義並不相同。實際的情形是，我們對你最高的良善致予最高的敬意。因為你在做的這個工作……你必須知道我們對你願意超越你的實體存在非常欽佩。你確實超越了你個人的身體，你確實從你發展的具體存在往外擴展。因為你感覺到一些事，於是要求有個方法，我們因此知道你已經準備好了。（我並不記得自己要求過任何事，這顯然是發生在潛意識的層面。）你是在那個時候被掃描的。從那次之後，你就接觸到我們今晚給你的這個方式。然而，你一開始並沒有接受。你聽說過，但沒有接受。這告訴了我們你還沒有準備好要到這個層級。這也是為什麼之前有不同的人透過珍妮絲來找你。她一直都在這個層級，但她必須下去帶你，讓你願意來這裡，並且你要發展到一個程度，使你能超越你對於作為一個個體被改變的恐懼，因為你不會改變。之前你很怕會失去控制。在某方面來說，你的內在有股恐懼，害怕接觸超越舒適區外的任何管道。你覺得自己無法處理這個特定的層級，而你當時也還沒有辦法，沒有這個能力。

朵：那是很人類的特性。

珍：是很人類的特性。

朵：可是我不記得有被給予任何方法。先前催眠的錄音帶上並沒有說什麼啊。

珍：不在錄音帶上。那是發生在錄完音之後的討論。因為那本來就不該出現在錄音帶上，所以沒有錄到。現在我們會告訴你，你跟珍妮絲的討論有很多是——如果你肯原諒我們，我們請求你的見諒，因為我們曾在意識的狀態下用簡單的討論來測試你，就是珍妮絲在催眠過後跟你討論概念的時候，透過她對你說的事讓你接觸到。如果你的反應是某種方式，我們就會知道，當面對這個層級的能量和操作模式時，你在意願和準備上的發展程度。你曾經透過其他人接觸過。你接觸過一連串的課，觸及過學生層級的生命體，只是之前沒有觸及老師層級的生命體。今晚你做到了。你和老師層級的能量有了互動。就如我先前告訴過你的，那也就是珍妮絲和肯透過幽浮能量運作的地方。但是他們也在那個能量之外運作。甚至比你接觸過的幽浮生物所能理解的振動還高。

朵：我本來很擔心，因為珍妮絲的身體有反應，我以為她可能沒辦法接受那個能量。另一個生命體似乎認為我到了我還沒有準備好面對的能量層級。

珍：不，你誤會了。你原本是和醫師說話。我不是醫師。我是個中介者（mediator）。我是個平衡者。那是我的工作。你不是在和醫師說話。醫師的能量場受到了干擾。但你必須瞭解，我需要對你解釋一些你要知道的事，因為這還會再發生。你沒有意識到當你帶珍妮絲到——事實上，當珍妮絲和肯進入神聖房間的時候，他們的身體又重新體驗了神聖房間。然後他們離開神聖房間，但他們並沒有**離開**，即使是我們說話的這個當下，他們仍然在神聖房間裡。他們以不同的存在狀態移動到能量室。他們既在身體裡，在能量裡，又以不同**形態**的能量在神聖房間裡。這很複雜，但你瞭解這點很重要，因為你必須瞭解這些轉換的機制。此外，你知道你和能量管理者說過話也很重要，你用你的詞彙給了他一個很正確的稱謂。他的確**是**那個房間的能量管理者。然而，醫師也是，醫師也有進入那個房間並在裡面操作的自由。她知道你會在那裡。她聽到你今晚稍早要求和她說話，或希望與她聯繫上。所以她來了，她在那個房間。你沒有再要求找她，所以她那時沒有和你說話。然而，當你要離開那個房間的時候，她想達成你的願望，所以就開口了。那很好，因為你當時正準備進入另一個區域。你**是**個記錄者，但又不只是個記錄者。如果你不希望如此，你可以現在就告訴我們。你不被允許在你想要的時間開始這次催眠是有原因的。我可以跟你討論那個原因。你急著要開始這次的催眠，但直到絕對正確的時間到來前，你不被允許開始。必須是在絕對正確的一刻，你才能進入這個能量狀態。電話是註定要在那個時候響起，好讓你無法開始催眠。而你也希望這次催眠能夠討論某些你已經感到自在的知識。

確實如此。我之前渴望能回到我在實體的、地球層面上能夠理解的探索領域。但資訊卻反而變得越來越複雜，越來越令人費解。

珍：而你**確實**知道永遠都有選擇。你是相信這點的。有一度你不是真的確定。有選擇嗎？有可能嗎？你害怕你會遇到沒有選擇的時候，害怕會有很糟的事情發生，而你沒有選擇。那是你內心很深的恐懼。或許你只是輕輕觸碰到。或許這個恐懼只有一次抓住了你。你那次接觸到了非幽浮的能量。（我相信他指的是在《與諾斯特拉達穆斯對話二》裡，我接觸到反基督能量的事。）但除了幽浮之外，能量還有各式各樣的作用方式。我們在某個意義上是平衡者。這是為何我們會來到你們的星球，這是我們的主要目的之一。元素生物（elementals）的設計和互動是那麼錯綜複雜——當我說元素生物時，我指的不是小精靈。元素生物，結構不同的形態，時機……我離題了。神聖房間裡的議會把我帶回的重點是，我必須向你解釋今晚發生的機制，好讓你下次察覺到的時候，你能夠知道自己必須慢下來。當時的情況是你正在對醫師說話，你進到一個區域，只專注在一個主題。但他們事實上想對你說的是——他們確實對你提到即將出現的資訊——你看，他們正在指示我，我現在話說得很快，因為他們滔滔不絕，訊息來得好快，而我要帶它們經過四個能量層級才能傳達給你。你必須知道的是，你和醫師對話的時候，她跟你說到關於把資訊以書的形式傳遞出去，你並沒有聽懂。你以為她說的只是光能量的資訊，但她說的是所有出現的資訊。因為這其中涉及的目的不同，你在這裡得到的資訊類型不可以跟你的調查案例混在一起。你也必須知道，這個目的和地球時間的事件有關，在地球還沒發生這些事件以前，不能用寫書的方式散播資訊而對它們造成干擾。這種事不能發生。神聖的……覺得……（尋找適當的字）地球上沒有詞彙可以描述。它並不是一個議會。它超越了議會。它超越了長老。你不會瞭解那個字，因為英語翻譯裡沒有那個字。我甚至無法把它帶到我自己的意識，因為我不在那個層級。而當你不瞭解的時候，它就必須透過醫師。所有來自於神聖的能量都試著透過她的能量進入，也透過珍妮絲暫停狀態能量的所在，回到身體，回到你。那轉換是如此快速……因為被干擾，所以失衡了，那就是為什麼你必須下指令對珍妮絲的身體做調整。重要的是，你要知道將會有一本非常重要的書，它將是你目前為止所接觸到的概念的擴展。但你必須瞭解，在你把來自珍妮絲的資訊放進書寫形式之前，你必須得到我們的同意。

朵：我瞭解。當珍妮絲出現那些身體感覺時，我有一點擔心。但後來那個低沉的聲音出現，你說它顯然是直接來自神聖房間。(是的。)他的確有指出或許我已經進入了你們沒料到我會進入的領域。

珍：這時候也是。

朵：如果我退回去會不會比較好？

珍：事實是你可以接觸。你可以進入這個領域，只是你沒聽到他告訴你的事，也或者你不是很瞭解你所在之處的頻率跟傳播資訊的關係。你的星球現在有傳播資訊的急迫性。我們希望能跟地球上的每個生命聯繫，以便促成振動的改變。然而，就如同我說過的，特定類型的資訊如果在歷史事件設定發生的時間來到前就被散播出去，這會強化負面能量以它們的負面方式使用那些機制的能力。這是我們最關心的事。

朵：你們不必擔心。在你們沒說可以之前，我不會有任何動作。

珍：我要跟你說，你得到的資訊有特定部分將會在反基督時期之後被使用。

朵：我好奇到時我是否還活著，還能把資訊寫下和傳播出去。

珍：你會在的。

朵：我會活到那段時期？

珍：我想是的，你會的。

朵：到時我仍會寫作和收集資料？

珍：你會收集資料，也會寫作。

朵：我想到時候我已經很老了（咯咯笑）。但即使我很老了，還能繼續做？我能寫書和……

珍：對，因為你的年紀會不一樣。

朵：你的意思是，年紀會隨著我們進入另一個時期，另一個頻率而改變？

珍：是的。沒有事物會保持不變。你聽這個已經聽一輩子了。你對自己現在的狀態很自在，不是真的想要改變。然而你的內在有股微光，它知道改變在你的內心以非常、非常、非常微小的方式發生。當你透過你的工作成長，改變會是很自然的事，它不是被刻意製造出來的。這就是你這生的使命，正展現的目的。所以擁抱那個改變。那是你的（人生）目的。

朵：那麼我會活到很老，而且會是這些事件發生的觀察者。

珍：他們跟我說，重要的是你要知道你會持續做這個工作。你會在這裡。

朵：在地球上。（是的。）好，我有好多想做的事。我只想保持健康，有精力可以做這些事。

珍：你會進步。隨著你繼續做這個工作，你對那些讓你心智費解的事會越來越瞭解，因為那純粹是你內在的渴望。唯有在你**渴望**時，你才會收到資訊。我們絕對不想讓你負荷過重。你現在知道了，珍妮絲和肯在一個共同的計畫裡，你也是，你的一些同事也是。因為這個計畫，過去一年你才會外出旅行。

一九九一年做這場催眠時，我才剛開始在美國各地旅行，在各個會議演說。接下來的日子，我有幾個海外的行程。但在那個晚上，我對我的未來毫無所悉。

珍：你雖然不知道，但你出去旅行是對我們和對地球的服務。你會為了同樣的服務去倫敦，你**將會**去倫敦。你需要知道的是為什麼。還有，當我說你跟一個計畫有關時，我說的是什麼？

朵：對，我不瞭解的地方就在這裡。我以為我寫這些書是為了傳播資訊。但不只是這樣嗎？

珍：**遠遠**超過。那個工作是最重要的。並不是地球上的每個人都跟這個計畫有關。

朵：你能告訴我那個計畫是什麼嗎？

珍：可以，現在是你知道的時候了，這樣你對不瞭解自己為什麼在做的事才會感到比較自在。這是非常重要的計畫。要對你解釋人類相互關聯的能量流機制，還有討論粒子和粒子的混合，換句話說，粒子的合併（merging）和細分（sub-divding），這需要一點時間。然而，對你說明的最簡單方式就是用地球的人類能量線，因為你在這方面有很強的連結。雖然你在大多數情況下，並沒有意識到能量場和能量來源，但你有時會與這些能量連結。你已經越來越感興趣，也會越來越想知道。丹佛曾經需要你的振動，加州也是，過去這一年你去過的城市都是。未來你踏足的城市和國家都會有這個需要。你跟你接觸過的人永遠不會失去連結。這就像你和他們之間，一直都畫有一條線相連，因為一切存在的事物永遠不會停止存在。你此刻擁有的能量在你離開之後還會繼續留在這個房間，永遠不會完全離開。你絕不會知道你的能量沒有離開這個房間，因為你不會感覺少了什麼。只有在重大且消耗能量的情況下，你才會感到缺乏。那就是你學習如何補充能量的時候了。你將會需要知道如何用更快的速度去補充能量。好，我現在要說的是，人們將會對你談到地球的能量線。他們認為這些線是存在於地球裡面，這個看法是確實的。我和你談到的計畫就是和人類的能量線，人類的連結有關。如果你能想像某些人在特定的地球時間和跨次元時間位在這個星球的特定的點和位置上，而且分秒不差，那一定要協調得非常準確。這必須和地球內部能量線的能量平衡有關。這是能量線的全息圖(hologram)。(錄音帶突然爆出奇怪的靜電噪音，沒有蓋掉任何話，一下子就過了。)換句話說，就是你與珍妮絲的連結，你生命中與其他人的連結，跟你形成了一個三角形。這就是三角計畫(Triangle Project)，它對這個星球非常重要。它最重要的是，你要試著瞭解你在丹佛時的振動造成了地球另一邊的改變。這是因為你在生命中跟不同的人連結，也因為那個連結永遠不會斷掉。

朵：即使是我一直遇到的新認識的人？

珍：是的，是的。但有的人是計畫裡的一員，不是每個跟你共事或遇到的人都和計畫有關。你有一個你會跟他討論事情的朋友，他也在計畫裡，你在計畫裡，珍妮絲也是。

我們討論了許多我遇到的人，還有他們跟我的工作和未來可能的關聯。一九九一年這次催眠進行的時候，我還沒有成立自己的出版社，因此很關心這事。

珍：你需要知道的是你被保護著，所以你可以和任何人有關聯，誰都可以。這其實無所謂，因為你將會到達同樣的地方。如果你覺得自己遇到困難，你需要瞭解的是我一開始和你說的，那就是時間的交會點。因為你可以費盡努力，但直到人類的時間和跨次元的時間聚合——**聚合**——在一個恰到好處的時刻，當全體一致的時候，事情才會發生。因為你做的是星球的工作，是為了人類的進展。你必須瞭解你在這裡的目標，你必須瞭解你有非常重大的責任，而且是你要求承擔的。雖然你在工作中不見得會把它看成是那樣的責任，因為你忙著實現你的目標。你不必發現你的責任是什麼。

朵：我一直感覺我會找到更多的資訊。

珍：噢，你會的。那就是你來這裡要做的事。你是個轉譯者，你的工作是協助人類開始認識這些已被遺忘的概念。這些概念在透過進一步施力後，將改變地球行星的歷史。

朵：嗯，這是很重大的責任。

珍：是的，它是的。我今晚就是來告訴你的。

朵：我很感謝。我覺得珍妮絲需要資料，我也真的很謝謝你跟我談話。因為有時候我會想知道我是否在做我應該做的事。

珍：你知道你是在做你應該做的事。不要懷疑。

朵：在我們的時間裡，一切似乎都進行得很緩慢。

珍：這是為什麼我在試著對你解釋時間。你必須瞭解**時間**。這是你的**工作**，因為這是你在你的書裡要討論的事。你處理的是跨次元，不同次元間的時間。

朵：還有非常複雜的概念。

珍：你的工作就是把複雜的概念簡單化，讓一般人都能閱讀，並且說：「哦，原來如此！」人們因此可以開始學習同時活在**多重**人生裡；瞭解他們在這個物質星球所做的一切，也會影響**每一個**人**世**。他們的軌跡和影響一路延伸下去。我們**現在**所在之處，我們**現在**所說的事，你在那裡對這裡的我所說的話，將永遠留下能量的軌跡。差別只在於你是在不同次元間轉換。

朵：我一直認為我是被引導到失落的知識，失落的資料。

珍：它確實是失落的。

朵：我覺得我必須把它找回來。

珍：這就是我的意思。我在跟你說的就是這件事。當我對你說到有關你的生命時，你有什麼感覺？我被告知要問你這點。

朵：我有什麼感覺？喔，我覺得很自在。我想繼續我的工作。主要是我必須保持健康，那麼我就能以更好的方式來工作，而且也有做這個工作和旅行的精力。只要我能健康，我知道我就能做這個工作。你是要問這個嗎？

珍：沒錯。當你感覺有問題的時候，你知道你需要做什麼嗎？

朵：請求你們的協助？

珍：是的。如果你願意。這就跟你對個案說的一樣：「如果你願意。」

朵：（輕聲笑）那麼我要找醫師還是你這位中介者？

珍：你只要開口要求，就會被連結到適當的地方，適當的能量。還有，對，我會說或許要找醫師。

朵：找她協助我的身體可能會有的任何不適或問題。

珍：不適就是有問題。還有，對，我會過來，我會幫你。

朵：好的。為了繼續工作，我會需要的。

珍：你現在覺得很累嗎？

朵：喔，我們已經進行很久了。我想我們必須結束這次的催眠了。

珍：因為你覺得很累。

朵：嗯，不只是這樣。珍妮絲早上還要上班。我們還有實體的生活要過。我們這次的催眠也比以前久。

珍：好，有一點你必須瞭解，從你們上次工作後已經過了一年。珍妮絲已經發展到超越你一開始取得資訊的方式了。她的身體已經變得完全不同，你應該也察覺到了。還有，她能在完全沒睡眠的情況下運作。

朵：但我不想這樣對她。

珍：哦，不，那不是問題。那是我們曾經教過的事情之一，在有需要的時候可以使用的。你現在是在非常重要的時間，非常重要的地點。我不確定你什麼時候會被准許回到這裡。

朵：哦，我真的認為我們在這裡已經夠久了。

珍：這完全由你決定。

朵：我們畢竟是在地球的時間運作。我非常感謝你跟我說話，給我指示。

珍：不客氣。我並沒預期今晚會跟你接觸，我沒有預期會被叫來介入。

朵：不過，既然知道了催眠時間可以延長，下次我們進行的時候，我會預備更多的地球時間。

珍：你應該這麼做，因為當你到達這個層級，這裡會有許多資訊需要被收集並帶到地球。這些資訊會變得很重要，因為那是在特定的歷史事件發生後將會使用的資訊。是那樣的一種能量。（聲音變了，變得不一樣，而且比較大聲。我當時試著要結束催眠，但她的聲音再度變得很有威嚴。）在你離開前，我有件事想告訴你。我希望能對你說明，那就是你在做這個工作時，不會受到任何傷害。我們會對你解釋許多複雜的程序。我們交付給你的是你實際上從未接觸過的知識層級。我要讓你知道，我們很感謝你的工作。我們想要你知道，我們會盡全力協助你。我們也感謝你在某種意義上是珍妮絲工作的協助者。你透過你的工作協助她整合。這個工作在某個意義上是對地球的偉大服務，雖然沒有你的工作，它還是會發生，就像在過去這一年，你沒有和珍妮絲合作，但她已經超越了特定類型的交流。所以我只是要你知道，我個人很認同你的表現。

朵：謝謝你。

珍：不用客氣。我以和平、愛和光祝福你。

朵：我要再次向你道謝，不論你是哪一位。（珍妮絲在比手勢）很美的手勢。（她深吸一口氣，我知道那個存有已經離開。）好。我向他們道別。我要他們全都退去。我要珍妮絲的意識再次完整地回到這個身體。

珍：（打斷我的話）光在閃！

朵：為什麼在閃？（她似乎很困惑）是能量嗎？（沒有回答，她像是在觀察。）是能量造成的嗎？

珍：（輕聲地）是啊。因為被女服務生打斷了。（難過的口吻）被她打斷了。

朵：她並不知道。

珍：她在敲門。被她毀了。（快哭了）

我認為女服務生在珍妮絲尚未完全整合回身體時就進到房間，很可能是造成燈光閃爍的原因。能量太強了，當被干擾時，它就四散到電源接頭。由於頻率超載，因此電燈爆掉。女服務生在珍妮絲的意識完全回來前打斷她的情況並沒被預期到。他們曾說重新進入時如果被打斷，是有可能對身體造成傷害，即使只是被呼吸打斷或干擾。於是那些存有把過量的電送進電路，電燈才會爆掉。

這時的我才剛開始旅行，無法相信最初的幾小步會帶我走向這個世界。但我確實在隔年，也就是一九九二年，第一次到倫敦，此後每年也至少會去歐洲兩次。我調查麥田圈，造訪巨石陣、埃夫伯里石陣（Avebury）、格拉斯頓伯里（Glastonbury）等聖地，演說並傳播我在工作中發現的資料。保加利亞脫離共產主義的掌控後，我從巴爾幹半島正陷入內戰的南斯拉夫跨越邊界，成為第一位進入保加利亞的美國作者和前世催眠師。我也去過澳洲每個主要城市演講。一九九七年，我爬上祕魯的安地斯山脈，看到馬丘比丘的古印加遺跡。現在我在美國各地旅行，經常每天都在不同州或不同的城市。我們現在正計劃一九九九年要去香港、新加坡和南非。看來世界五大洲很快都會有我的足跡。

我是否真如他們所說，把能量留在了這些地方？如果是，那麼，就跟他們說的一樣，我沒注意到能量上有任何不足。事實上，如果有什麼改變，那也是隨著工作的擴展，我的能量提升了。我的書現在被翻譯成許多不同的語言，因此能量又透過文字的力量，散播到我從來沒有去過的地方。如果這麼意想不到的事會發生在我身上，那麼每個人類也都一定有著同樣的責任；我們都在不知不覺的情況下，散播自己的能量，不論那能量是好是壞。我們的目標應該是讓能量以正面的方式影響世人，讓地球得以成長並進入更高的靈性層面。

第十四章　催眠幽浮調查員

外星人一旦找到透過個案跟我溝通的方法（也或者相反，是我發現了方法），他們每有機會就持續提供資訊。交流和資訊的匯集至今仍在進行，許多較為複雜的內容都將收錄在《迴旋宇宙》系列。

本章的案例顯示，即使是研究幽浮的催眠治療師和調查員也無法豁免；他們可能在自己沒意識到的情況下有某些經歷。我不認為我個人發生過這種事，但我不會否定或不考慮這個可能性。無論如何，我偏好自己的調查方法，以這樣的方式，我能夠保持作為觀察者和客觀報告者的身分，而不用經歷那些活躍參與者的複雜情緒。

以下這個案例的催眠治療師希望保持匿名，她有許多個案，她不想這個資訊太早外傳。她也在計畫寫自己的書，討論她在工作中發現的資料。屆時她將提到這個案例，而我們之間的連結也會揭曉。因此之故，我現在先稱她邦妮。我認識邦妮有好些年了，我們有專業上的聯繫，也在巡迴演講上碰過面。一九九七年六月，我們兩人都參加了在懷俄明大學舉行的會議，我們都是那次會議的演說者。會議結束後，我們在借住的宿舍進行這次催眠。我們兩個都累壞了，我隔天早上就要離開，但我們都不想放棄這次難得相聚並可進行催眠的機會。有兩位男子徵求邦妮的許可後，也出席了這次的催眠。其中一位操作邦妮的錄音機，我的錄音機則由我自己控制。

催眠開始前，邦妮告訴我們一個月前，也就是一九九七年五月發生的一件怪事。她對這個經歷隱約有種不安，感覺事情不僅於此，而她知道透過催眠可以揭露更多細節。事發那天，她在加州聖塔芭芭拉北部的一間餐廳與幾位幽浮研究員共進晚餐。聚會很有趣又有啟發性，所以她到了近午夜才離開。她很確定自己離開餐廳的時間，因為她估算過大概要開兩個半小時的車才能回到家。

她說：「我注意到我從餐廳停車場把車開出來，開上南下的高速公路的時候是十一點三十五分。我走的是太平洋沿岸的一〇一號公路。那是個非常、非常漆黑的夜晚，我有時候很喜歡置身在完全的黑暗裡，而那晚的夜色就像天鵝絨般優雅。我很高興自己一個人開車回家，這樣我就可以回味和每位調查員聊天的美好時光；就像是在享受一段冥想的時間，自由思考的時間。我一個人在非常、非常黑的夜裡駕駛。天色好暗，我連右邊的海洋是從哪裡開始、哪裡結束的都看不清楚。我過去也有晚上開在高速公路的經驗，每次我都會注意到油井鑽塔或船隻的反射。你會知道水域就在那邊，要不月亮也會在水面上投射光影。不過那晚沒有星光，天色暗到我無法區別陸地和海洋。過了一會兒，我記得看到一塊標示『海崖』（Seacliff）的小牌子，但印象裡那條公路並沒有什麼城鎮叫這個名字。那邊明明是很長的海岸線，沒有任何城鎮和燈光。我開了相當長的一段路，才發現公路上的兩邊車道完全不見其他車頭燈和尾燈。想到我是路上唯一的車，有一刻我覺得有點古怪。不過這不是什麼問題，因為我很自在。也許就是因為我並不擔心，接下來發生的事才那麼令我意外。」

邦妮開在這條漫長而空無一人的路程，突然間，右邊海岸出現一個大大圓圓的閃光，嚇了她一跳。那個白光帶有一點綠，只持續了一秒，然後就不見了，也沒有任何聲音。那不是煙火或火燄。

邦妮覺得奇怪，但還是繼續開車。一〇一號公路這個區域的左邊有些大山丘，當經過這片無人居住的路段時，她注意到山丘後方有個不可思議的亮光，圓弧狀的，涵蓋了好一大塊範圍，而且靜止不動。它非常亮，和先前那個閃光的顏色一樣，都是白色帶了一點綠。邦妮並不認為那兩個光是同一個東西，因為自己還沒有開那麼遠。它們是不同的光。山丘後的光涵蓋了一大片範圍，她開了好幾分鐘的車才開過被白光涵蓋的區域。她仔細看著光，想知道是怎麼來的，但她的注意力突然間被拉回公路。有某個東西就停在她那邊的車道，看起來像是一輛很巨大的卡車車尾，一輛大台的聯結車還是貨櫃車，但並沒有置放任何提醒後方汽車駕駛人注意的路錐、反射燈或是警示閃光燈等等。

這車不是完全停在路肩，有部分車身就停在高速公路上。雖然路上仍有足夠的空間可以開過去，這個狀況仍然很危險，因為邦妮是直到離得很近的時候，前照燈才照到它。

這台車就這樣十分突然地出現在她行駛的車道。當她的車子靠近時，她看到一些人（也許四或五個）在卡車後面走來走去，甚至走到公路上。這又是個危險的舉動，因為他們有可能被車撞到。

「這些都只是印象，因為發生得很快。高速公路上就我一台車，所以我的時速大概是一小時七十英里或更快。我注意到馬路上有**微弱**的光照著那輛車，像是有手電筒被放在路面，往上對著車尾照射。就在我要跟它擦身而過時，我看到車尾上方寫著幾個斗大的黑字。在我的印象裡，那是接近四方形的黑色大字母，寫著：『緊急服務車』。我心想，這還真是奇怪，我從沒看過這樣的緊急服務車，既不是消防車，也不是警車或救護車。我們通常也不會把貨櫃車當成緊急服務車。我的印象是那是輛很長的卡車。總之，我覺得這一連串情況都很怪異，包括海岸的光、山丘後面的光、這輛大卡車、緊急服務車、有人在車旁走動，以及沒有任何照明燈。我的腦中閃過一個念頭：也許這輛卡車才剛到，也或許他們正準備要打燈，也許它和山丘後面的亮光有關。那個光絕對不是火光，不過這輛卡車有可能是在調查那個光或什麼的。這一切發生得太快，所以都只是些印象。雖然覺得奇怪，我還是很自在，不覺得恐懼或有什麼其他感覺。」

「然後，一到兩秒之後，最怪的事情發生了。我不知道我是不是完全開過了那輛卡車，還是仍然在卡車附近，但突然間，我的車的整個擋風玻璃的正前方出現一道好亮好亮，令人眩目的光。我先前並沒發現自己是朝著光開過去，也沒看到有光迎面而來。那就像是突然有個開關被打開，然後前方整個區域都亮了起來。我透過擋風玻璃看到的就是那**完完全全**令人目眩神迷的光。那大概是我看過最亮的光了。它很美，有點黃白色，非常耀眼。那個光很奇怪，即使這麼亮，**裡面**卻像是有個條狀物。我只看著它不到一秒，然後就撞上去了。那個東西如果不是白色就是沒有顏色，而且是在光**裡**。看起來像是一條彩帶或是拉緊的膠帶，以略微傾斜的角度橫越整片擋風玻璃，斜向我的左邊。我的第一印象會以為那是條電線，但它比電線寬，像個膠帶。這實在很詭異，因為那晚非常、非常、非常暗，前方原本是一片漆黑，擋風玻璃上卻突然是令人目眩的光，還有一條橫越擋風玻璃的不知什麼**東西**，而我顯然就要撞上去了。接下來就聽到非常大的**撞擊聲**，幾乎像是有東西**爆裂**開來。東西爆裂、碎裂的聲音像是在我的周圍迴盪，而且聲音整個穿透了我。太震撼了。我想：『那到底是什麼啊？』然後我注意到，就在撞擊聲後，擋風玻璃出現了一條很大的裂痕。駕駛座前方有一大片蜘蛛網般的裂紋，裂痕延伸了半面的擋風玻璃。接著我似乎脫離了那道光，在車頭燈的正常照明下往前行駛。裂痕沒有擋住我的視線，我也注意到擋風玻璃並沒有像是子彈或石頭造成的**洞**。但是，就算有，為什麼會有那麼熾烈的光？所以我真的很震驚。」

「我雖然有股衝動，想要放慢車速，靠邊停，倒車，問問卡車旁那些人有沒有看到什麼，但我卻反而繼續往前開。我所謂的『靈魂的聲音』激烈地大聲說著：『**不！**離開這裡！繼續開！不要停！不要回頭！離開這裡！繼續開！繼續開，一路開回家！』於是我又繼續開了兩個小時，回家的一路上都在擔心擋風玻璃會整個碎裂。我在兩點出頭回到家，在沒有車流的情況下，這算是正常的時間。」

當然，邦妮回到家時滿腦子疑惑。沒有「消失的時間」雖讓她鬆了口氣，但她無法解釋那驚人的光，以及橫越公路並在擋風玻璃留下痕跡的條狀物。她想過要在路邊停車，找個公用電話打電話給公路的巡邏警察，可是時間很晚了，她又是獨行的女子，於是她繼續開車，一直開回家。她先生說他很慶幸她沒有停車，因為有時候某些人會設陷阱，要搶劫你或是偷你的車，繼續開才是明智之舉。不論是什麼造成了擋風玻璃的裂痕，至少沒有造成車禍。

我同意邦妮的看法，覺得這聽起來不像是一般的事件。它有太多不尋常的環節。我知道，在催眠狀態下，我們可以得到比意識心所能提供的更多細節。

邦妮是個絕佳的個案，立刻便進入深度的出神狀態。有時催眠師同僚會出現抗拒，因為他們知道催眠的程序，會有意識地想要分析使用的技巧。但我催眠邦妮的時候完全沒有困難。她對我很放心，所以非常放鬆，立刻就回到一九九七年五月那個晚上。唯一的問題是她提供了太多細節。她記得晚餐聚會上每個人的名字，大家圍著桌子分別坐在哪個位置，都吃些什麼，討論些什麼。我知道我必須把場景往前移動，來到我們想要探索的部分。她對離開餐廳、上車、注意到確實的時間和駛離停車場的情形提供了很多細節。這向來是好徵兆。一個重溫發生事件的個案往往會提供比要求來得詳細的細節（通常也會描述太多不需要的部分），並常常主動告知看來並不相關的資訊。這似乎是潛意識想要做到十分精確的方式，因此我知道我們有了一個很好的開始。

她重新經歷在一〇一公路上開車南向的情形。

朵：開車時的情況跟平常一樣嗎？

邦：喔，除了前後都沒有車讓我很驚訝外，都很平常。不過，對向車道沒有來車還是很怪。

朵：那裡通常都有車嗎？

邦：這個……我通常不會這麼晚才從聖塔芭芭拉開車回家。但我認為週五晚上的午夜前後應該會有一些車流。不過，對面沒有迎面而來的光線照到我的眼睛還挺好的。

邦妮說到那晚有多麼暗，還有她無法區分陸地和海洋的情形。車子經過「海崖」那塊小牌子後，她很快就看到海岸旁又大又圓的閃光。再往前開一點，就看到左邊崎嶇山壁後面那一大片閃耀的光芒。那個光涵蓋了相當廣的區域，她開了好一會兒才脫離它的範圍。到目前為止，她是完全照她的意識所說的情形，重新經歷了那個夜晚，她還持續提供餐廳聚會的資訊，以及對即將來臨的週末的計畫。

邦：它像是某個東西所發出的光暈。我看不到是什麼，被山丘擋住了。光暈的弧線就像一個很大很完美的曲線或圓形的頂部。很清晰。你知道，有些光是擴散的，邊緣亮亮的，然後逐漸消失在黑暗中。但這個光不是這樣。它的邊緣比較清楚，又大又亮，看不到是從哪裡開始。像是有另一個會發光的東西。真有趣，因為先前右邊出現過閃光，現在左邊又有大大的亮光。那會是什麼呢？那裡又沒有城鎮或什麼的。我開得很快，但它好大，我開了好一會兒才開過去。對了，它沒有在移動或什麼的，就是靜止在那裡。現在，在我右手邊，我看到這個大東西，它看起來像是很高大的卡車車尾。所以我想它也許是聯結車或是……我的意思是，它一定是一台非常大的車才會那麼高。我沒看到它的側面或其它地方，也沒看到它的前面，因為我是從後面，從車尾靠近它的。我也在想，都快到了才看到真是怪了。我納悶它為什麼停在那裡。我猜想可能和高速公路旁，左邊山丘後面那個詭異的光有關。有某種光在從下往上對著車照射。我猜一定是公路上的某個東西。那個光是柔和的。我看到有人在走動的剪影。我不確定……

朵：你怕會撞到他們嗎？

邦：喔，我發現空間還夠我過去。我在想我們是不是可以定格……

朵：我正要建議我們定格那個場景，好好看一下。

邦：因為我開得好快。事情發生得好快。

朵：你可以一個畫面一個畫面地放慢整個場景的速度。

邦：嗯，我需要這麼做。

朵：好的。你在靠近車尾的時候，可以看得非常清楚並且報告情況。因為隨著你放慢速度，你能夠看到細節。告訴我，速度放慢時你看到了什麼。

邦：哦，這些人非常纖細高瘦。他們很瘦，腿很長。每個人都在走動。有些人從這個東西，這輛卡車的後面走過去，他們都往不同方向走。有的人從高速公路這邊朝卡車的前方，有一個還是兩個從旁邊繞過去走向車尾。他們移動得很快，可是很平穩。

朵：你看得出他們的其他細節嗎？

邦：他們是不同的高矮。（出現不舒服的跡象）頭很大。（變得沮喪）

朵：要記得你可以從報告者的旁觀角度去看，如果你想的話。

邦：（幾乎是在啜泣）哦，他們不是真的人。

朵：你為什麼這麼說？

邦：因為他們比人類要瘦很多。他們有很長的脖子，還有很大的頭。如果他們是人，那也是長相非常怪異的人類。我起先以為他們是人，道路工人之類的。

朵：為什麼這會讓你困擾？

邦：喔，我只是很驚訝。我沒有預期會是這樣。（仍然沮喪）並不是說是不好的事，只是覺得驚訝。

朵：覺得驚訝很自然。隨著畫面一格一格地放慢，你可以看到路邊那個物體更多細節了嗎？你現在可以看得很清楚了。（她的臉部表情表示有東西）你看到什麼？

邦：我看到上面大大的字母。嗯，我原以為它們寫的是：「緊急服務車。」現在卻覺得比較像是圖案。有點像……（停頓下來，像是在檢視）我想說「三角形」，但又不完全是。像是三角形的一部分，尖角的形狀。像是如果你把它們用特定方式組合，它們就會變成三角形，不過現在不是。我不會說它們像字母，不像我們有的那種字母。它們的角角也不銳利。

朵：你認為你晚點可以把它們畫下來嗎？

邦：我可以畫一些。我現在還是行進得很快，非常快。

朵：我要你在心裡定住那個圖案，那些字母，這樣你稍後就能儘量把它們畫出來。你可以為我這麼做嗎？（她喃喃說了些什麼）只要記得它的樣子。

邦：那下面有燈光。我以為路上有某種照明，可是路上沒有燈。你知道那是什麼嗎？那是跟那輛大車子有關，是從底下發出的亮光。不像我原先以為的是被某個東西照射到。我想車子也不是像我原先以為的那麼長。車尾和車身邊緣，也就是轉角的地方，不是尖的……比較像是曲線，像弧線形狀。

朵：你現在正從旁邊經過。告訴我發生了什麼事。因為你現在可以知道了，你可以看到所有的細節。

邦：我的擋風玻璃前面突然出現好巨大的光。

朵：那是什麼東西？

邦：（驚訝的神情）我不知道！

朵：是的，你知道的。

邦：就是很耀眼。它亮得不可思議，令人目眩，好驚人。我的意思是，我看不到別的東西。我看不到光的後面，只看到它的**裡面**。

朵：但你的心知道那是什麼。相信你的心。它是從哪裡來的？

邦：是從他們來的。

朵：那些人嗎？

邦：是啊，還有那種底下和後面散發著光的銀色東西。不是同樣顏色的光，但是跟他們有關。我知道是他們做的。

朵：接著發生了什麼事？

邦：接著，我……奇怪，我本來以為我是繼續往前開，但我不是。我的意思是，我在開車，可是我……我在往上開。往上。好詭異。（不敢置信）我還抓著方向盤，卻是往上在開。我還在這個光裡。我原本以為那個光只持續了一秒，可是我現在還在光裡。光包圍了整個車子，車**裡面**也都是光。它真的是很美、很美的光。

朵：你能看到光是從哪裡來的嗎？

邦：不能。我不是往前開，而是往上，就像是開在一個很大的斜坡或山丘上。往上，朝著上方。

朵：傾斜的？

邦：嗯。不過我也察覺到自己已經不在公路，因為公路並沒有往上，我也感覺輕飄飄的、毫不費力。我想汽車引擎甚至沒有啓動，但我還是抓著方向盤沒放。

朵：你聽得到引擎聲嗎？

邦：不，我什麼都沒聽到。現在我不是往前移動，反而像是往上飄浮。不過我覺得很有安全感，因為我是在一個大橢圓形的泡泡光裡，很明亮的光裡。我看不到光的盡頭。我只知道我在光裡。

外面傳來令人分心的嘈雜聲。我們是在大學校園的宿舍裡進行催眠，稍早曾有好幾車的年輕人來參加網球比賽，看上去是高中生。現在天色越來越暗，他們似乎是在窗下的街道聚集，尖叫和笑聲不斷。我試著不去理會，希望這些聲音不會妨礙到催眠。通常個案是全神貫注在他們正在觀看的場景，即使出現很吵的聲音，他們也完全不會被干擾。但我還是起身關窗，雖然這會讓房間變得較熱。

邦：這光真的好美。它把車子整個籠罩住，甚至車裡都是。我就像是坐在這驚人的、令人目眩的泡泡光裡。我沒聽到任何聲音，但一切都很好。我仍然抓著方向盤。感覺很好……好，現在我和我的車好像是往上進到了某樣東西的裡面。感覺車子像是被放在某個東西上頭，地板或地面之類的。光開始漸漸退了。

朵：你看得到自己在哪裡嗎？

邦：這是個很大的圓形房間，周圍有很多走廊和門可以通到外面。這裡也很亮，但沒有我剛剛坐在裡面的光那麼亮。

朵：你有什麼感覺？

邦：噢，很好。很令人驚訝。（停頓）但現在有一大群的——我想說「人」，可是他們不是真的人。他們全圍著車子。真有趣。他們一定是爬到車子的引擎蓋在往裡看。他們全在窗外。我轉身往後看，發現後面也有。（她覺得很有趣）

朵：他們是什麼樣子？

邦：（咯咯笑）噢，他們看起來很和善，但一定不是人類。他們有水汪汪的大眼睛和光禿禿的頭。我是說，他們一點也沒有威脅。他們很好奇，像小孩，很友善。他們只是往裡面盯著看，現在在歪著頭想要看清楚一點。

朵：看你還是看車？

邦：我想是都看吧。我想主要是看我，感覺像是這樣。然後，他們打開了兩邊的車門。這很怪，因為我明明鎖上車門了。我開夜車時總是會把車門鎖住。他們就這樣開了車門。有兩個……（大笑）有兩個進到我右邊的乘客位子上。我的錢包在那兒，那裡還放著我拿出來以防想睡時要吃的小糖果。他們把東西推走。因為第一個已經在位子上，第二個進車裡時還用他的臀部輕輕推了另一個人一下。就像小孩子，有那麼點像。「我得讓她先移進去。」（音調很高，在模仿小孩的聲音。）我的門旁邊還有三到四個。他們正要進來，他們……很怪，這真的很怪，因為我繫了安全帶，門又是鎖住的。這些似乎都沒阻礙到他們。我沒感覺有誰靠過來解開我的安全帶，但他們像是抓著我的左手臂把我拖了出去。他們抓著我……不是抓，而是碰觸我的右手臂，然後關上門。現在我兩旁都有他們，後面還有一、兩個。他們像拖著腳步在走路。

朵：好，當他們碰你的手臂，你能看到他們的手是什麼樣子嗎？

邦：可以啊。他們的手指好細。這些傢伙有點……（停了下來，好像在看他們。）我想說「藍藍的」，但是顏色其實要淡很多，比較像是帶著藍色調的灰。他們的眼睛很漂亮，非常大又水汪汪的，也是藍色。藍黑色。

朵：你能看到他們有幾根手指嗎？

邦：我只看到把手放在我右手臂上的那個，他有三根手指，然後有個看起來滑稽的東西試著想圍住我的前臂。看起來不太像拇指，但多少是在做拇指的工作。

朵：所以他們有三根手指和一根看起來好笑的指頭。

邦：是啊，而且他們很瘦。我想我們會說他們是骨瘦如柴。

朵：他們要帶你去哪裡？

邦：喔，他們帶著我走。我說他們拖著腳步，其實不是。我甚至也不是用我走路的方式在走路。我的意思是，我一開始是走路，後來卻不用了。因為我們有點像是一路用滑的，很順。他們很順，我也很順。偶爾……（笑聲）我會放下一隻腳，你知道，像是要踩出去。這會讓我們慢下來。

他們帶我經過這個大……我想比較是橢圓，不是圓形的東西。我似乎是唯一的人，唯一的車。噢，哎，好高的天花板。**裡面**沒什麼東西，只有幾扇門。我們用這種飄浮的方式要穿越到橢圓形的另一頭。我們不是真的在半空中。我認為我們很接近地板。我想轉頭看看我的車，看它怎麼了。我有種感覺，他們就在那裡在把車子看個清楚。

朵：(笑)就像小孩子一樣。他們想看車。

邦：是啊。我好奇他們對我的糖果紙會有什麼想法，還有我的錢包，我的筆記本，我的帶子。那些錄音帶。

朵：嗯……他們應該不會拿任何東西吧。

邦：是啊，我想他們不會要的。我只是有這個想法，就是：「我好奇他們怎麼想。」尤其這些錄音帶是跟幽浮有關的。(笑)我會想知道他們是不是想知道帶子的內容。不管怎樣，我們現在到一扇門前面了，我們要到另一個房間。那個房間中間有一張有扶手的椅子。它有靠頭，有擱腳的地方，像是個……喔，他們在放我上去，它像張躺椅，可是沒有可以讓我放腿的地方。它是有個斜斜的地方可以擱腳，像是腳凳，我把腳放了上去。它是波狀的，有鼓起來，所以我的腳不會因為它斜斜的而往下滑。他們把我的手臂放在椅子的扶手上。讓我想想這讓我想到什麼？像是牙醫的椅子。也有點像美容院的椅子，扶手上有墊子。他們把我的手臂放上去，我的手腕懸在扶手末端。這有點像是美容院，你知道美容院有那種烘乾頭髮的吹風設備？(**知道**。)他們從後面把那個東西放到我的頭上，那個東西是椅子的一部分。它一定是可以調整的，所以套到我的頭上才套得那麼剛好。每邊都有一個人在調整那個東西。這個房間比較小，不是圓形的。

朵：你想他們用那個東西在做什麼？

邦：（納悶）我不知道。還好他們看起來很和善，不然我想我會很害怕。可是我並不覺得害怕。

朵：你看得到那個東西是怎麼放到你頭上的嗎？

邦：看不到。他們是從後面放上去的。當我快走到椅子的時候，我注意到那個東西很像蜂窩狀，比美容院的烘髮機要小。總之，我現在在這裡，在這張椅子上坐得直挺挺的。他們把那個東西壓得很緊，似乎對著我的太陽穴在做調整。我希望他們不會弄得太緊，太陽穴畢竟很脆弱。那個東西沒有蓋住我的臉，只在我的頭上。我猜他們已經弄到最緊貼了，兩邊的生物都在盯著我瞧。（笑聲）他們真的很可愛。我的意思是，他們仍然一臉好奇。他們看著我的臉，我的頭，還有太陽穴的地方。他們在用骨瘦如柴的小手指碰我，還像是在點頭。我很驚訝自己竟然不覺得害怕。我很好奇，他們也是。我在想：「哇！我真的在這裡。我真的經歷到這些。這些外星生命真的在這裡，在這裡跟我一起。」他們現在在啓動東西。我不能說是聽到了聲音，但我感覺到嗡嗡聲，只是不是聽到的。我想這表示我感受到了振動，而且是非常、非常輕柔的振動。它從四面八方進到我腦裡，像是在告訴我：「脖子放鬆。」要我在這個圈住我的頭的東西裡放輕鬆。

朵：他們在對你說話，他們跟你說這些？

邦：不是，我就是知道那是他們的想法，因為不是**我的**。不過，我反正是在這個東西裡，我也想放鬆我的頭和脖子。椅子上有支撐脖子的東西，有點硬，但至少可以讓我往後靠。它有個小軟墊，就跟扶手一樣。

朵：然後呢？發生了什麼事？

邦：我坐在那裡納悶。那裡有好多按鈕，然後其他的生命體也過來了。這個小房間裡突然有好多外星生物，高矮不一，就跟在公路上的時候一樣。

朵：他們看起來很像嗎？

邦：不像，有一個比較高，好像是男生。他有個骨骼很突出的頭，白色的，眼睛也不一樣。

朵：怎麼不一樣？

邦：喔，眼睛真的、真的很大，比其他人的眼睛都大，形狀也不同。但你知道嗎，很酷的是所有人的眼睛好像都有表情。我覺得他們對我很有興趣，像是一種致敬。我的意思是，那不只是好奇。他們很**熱切地**關注著正在發生的事，我也強烈感覺到一種認可。他們並沒有興奮地走來走去，一邊拍手或什麼的，但我有一種他們真的很高興發現這個人（咯咯笑），發現我的感覺。因為「**這個人**」有很多他們想要的資訊。他們好像以前從來沒有過**這個**人……我是指**我**。我覺得我是新人，像是新的個案，所以他們**特別**感興趣。我就坐在這裡，他們都在觀看，然後還有更多外星生物進來。先前進來的都沒有出去，所以這個小空間很快就因為有很多不一樣的外星生命而變得擁擠。有些甚至是推擠著前進。（笑聲）就像車裡那兩個小傢伙。

朵：你說你感覺到振動。（**是啊**。）在哪裡感覺到？

邦：在我的頭裡。感覺像是嗡嗡聲，但又不能說是聽到了聲音。有個什麼東西，像是電流一樣，但不會痛也沒有不舒服。事實上它還挺撫慰的。很令人放鬆。

朵：可是你不知道發生了什麼事？

邦：對。我只知道他們很有興趣。他們似乎想知道我的腦袋裡有什麼。

朵：你能請他們其中一位跟你說話嗎？

邦：好啊，沒問題。我張不了嘴，但我猜我可以用想的。

朵：對。告訴他們你很好奇。

邦：好，我周圍的……（笑聲）外星生物有兩到三圈那麼多。我在問那個比較高的，他在我面前的第三排。就是高大、眼睛**超大**、白色頭骨非常突出的那一個。我會喜歡他還讓我自己挺驚訝的。我的意思是，通常看到那樣的人，你絕對會毛骨悚然。但他似乎很好，所以我只看著他。不過因為他兩個眼睛的距離很寬，要同時看進他的眼睛裡有難度。我的眼睛直直向前看也不能完全跟他對望。我必須只看其中一隻眼睛。我雙眼的距離真近多了。（咯咯笑）但我還是可以先看一隻，再看他的另一隻眼。我問他：「你們在做什麼？這裡是怎麼回事？」他傳送想法給我：「你是我們的寶貝。」（邦妮變得激動，開始哭起來。）「我們需要跟你學習，就像你也跟我們學習一樣。現在我們面對面見面了。」（邦妮現在放聲大哭）「我們可以知道你對我們有什麼樣的瞭解。」（邊哭邊說，說話含糊不清。）「是非常好的瞭解。」（哭泣）我感覺很光榮……還有開心。這些是開心的眼淚。

朵：所以不是悲傷或恐懼的眼淚？

邦：噢，不是！（哭泣）我一直感覺很受尊重。

朵：這樣很好。（我試著讓她客觀，不再激動。）他們怎麼跟你學習？

邦：（恢復平靜）他說，我們在從你的腦中下載資訊。你現在知道那代表了什麼，邦妮。你真棒！你在學電腦，所以你現在懂這個了。我們只是蒐集你跟我們這類生命體有過一些插曲——他們稱那是「插曲」還真是有趣——的合作對象身上所知道的事。我們想知道那些人從我們跟他們的互動中體驗到了什麼。我們想知道我們對他們造成什麼影響，還有他們是如何體驗，以及這對他們的意義。而這些都是你從許多人身上知道的事，邦妮，你看過他們的改變，以你們地球的話來說，你看過他們從很深的恐懼和情感創傷轉為接納與平靜。而且他們之中有很多人想對我們有更多瞭解。就像你也一直想知道我們一樣。就像你也有過一些覺察。而現在你可以了，所以這次也是給你的體驗。你以前就曾經跟我們在一起，只是你從沒有想過。接著我心想：「是啊，我在一七四二年的時候是見過這些灰灰藍藍的生命體。」

朵：（真是出乎意料）一七四二年？那是很久以前了。

邦：那是我在威爾斯（Wales）當城堡守衛的時候。他們把我連身體帶走，帶到好遠、好遠、好遠、好遠的宇宙裡。這些有著水汪汪眼睛的銀藍色美麗生命體散發著善意迎接我。好美妙。

朵：所以你認識他們很久了？

邦：很久了。我體驗過成為他們集體心靈的一員，那真的是非常不一樣。

朵：所以你是從那個時候就認識他們了？

邦：但我並不知道。

朵：所以他們知道你是誰，你的意思是這樣。好。但你現在是在這艘太空船上體驗他們下載資料。後來呢？

邦：下載沒有進行很久，大概只有幾分鐘。很難說。他們弄得我好暈。你知道，這些生命體的最裡圈，最靠近我的是美麗的銀藍色的那群。他們看起來都很像，他們散發美好的溫柔、關注和好奇。後面那個高個子也散發很棒的善意。就是他一直在和我說話。

朵：好，他們下載完後發生了什麼事？

邦：嗡嗡聲的感覺停止了。他們現在站在我的太陽穴兩邊，正在打開某個東西。我不知道那是不是鉸鍊或板子還是什麼的。他們把我頭上的裝置拿掉。我還是直挺挺地坐在同一個位置上。高大的那一個說：「謝謝你。我們很感謝你的資料，也謝謝你對我們合作對象所做的工作。我們非常尊敬你，你絕對不會有什麼事。我們沒有拿走你的記憶。它們完好如初。我們很高興有你跟地球人分享任何你想分享的事。因為他們要很習慣我們存在的想法，這件事很重要。我們跟你們很多、很多的人互動。」

我因為太專心，忘了查看錄音機。直到邦妮的錄音帶跳起來，我才想到要檢查自己的帶子。帶子幾乎要錄完了。旁聽者幫她換帶子的時候，我也把帶子拿出來，放一卷新的進去。

朵：他們准許我們擁有這個資訊嗎？

邦：他現在在說：「請便！只要有機會就分享出去。分享給任何你加入的群體、遇到和對話的人。你**必須**開始讓自己的家人也熟悉這方面的事。」

朵：他會對那些認為外星人拿取個人資訊是不對的人說什麼？

邦：他說在宇宙的發展計畫裡，這並不是錯事。而有一天，雖然**我們**——這指的是他們，這是他說的話——雖然現在是**我們**在學習對**你們**有更多的瞭解，最終會有輪到你們人類，你們地球人學習更多關於我們的事的一天。我們有很多人**想要**你們地球人對我們有更多的瞭解。有些人（指其他外星族群）不想，但我們想，因為我們是為了共同的利益在互動。我們真的很努力透過許多地球個體來改善地球的生活品質。讓其他人也知道這部分的事非常非常重要。你們的社會需要很多平衡來抵消經常出現的災難模式。而你，邦妮，你天生如此，無論如何你總是在生命中尋求平衡，還有相互的理解。所以你是我們合作的人之一。我們有時候甚至會送人去跟你合作。你可能看不出來，因為他們說他們是聽到你演講，或是某個你認識的人推薦的，但其實常常是我們讓他們對你有印象，引導他們去聽你的演說，並知道怎麼跟你聯繫。他們會來和你配合是因為你願意接受平衡，對於我們許多人真誠且努力想實現的美好事物保持開放心態。看到地球人之間發生這麼多事，我們覺得很悲傷。看到地球人對宇宙其他生命體的封閉心態，也令我們悲哀。所以當我們找到你，還有其他像你一樣的人的時候，你不知道我們有多麼尊敬你們。我們尊敬你的學習、調查和研究，你總是對所有提供給你的資料保持開放。而且你跟其他人分享。

你對其他人所做的工作，幫助了他們在這生敞開心胸，接納與我們的互動，而這對他們的靈魂所產生的影響，遠比你所意識到的更加深遠。這個影響遠遠超過這一生，因為每個人都開始整合並且接納他們在與我們互動的事實，因此這個長遠的效應，比你此刻所可能知道的更為深遠。

朵：那麼我可以得到許可再跟邦妮合作嗎？

邦：噢，毫無疑問。我們很高興她逐漸意識到這件事。

朵：那麼如果我再跟她合作，我們會被准許得到更多的資訊嗎？

邦：噢，會的。我們會很高興。我們讓這次的經歷對她非常輕鬆。我們非常感謝她是在回家的路上。從她的地球觀點來看，那是深夜，而且是很黑的夜晚，而她隔天有很多事情要做。我要你知道，當我們，你們可能會說，把人接走並帶他們去體驗時，我們是仔細做過選擇要在那個人人生中的哪個時間點做這件事。我們不會在他們生病的時候帶他們上來（指上太空船）。如果他們即將動手術，我們也不會帶他們上來。如果他們正經歷婚姻危機，我們也不會帶他們上來。或者，當他們因為你們所謂的「死亡」而失去至親好友時也不會。我們通常不會選在他們正經歷會讓他們過度耗神的事件的期間，不會是非常需要他們注意力或情感的重要時刻。這是為什麼我們常在人們睡覺時跟他們工作的原因之一。目的就是不要打斷他們白天的工作或干擾到家庭生活。我們常在他們出去度假的空閒時候跟他們見面，帶他們到太空船。邦妮，你的一位朋友在露營的時候經常被帶來，次數比他意識到的還多。事情是該這樣的，因為他沒有壓力，隔天也不用警醒地運作。我們試著考慮周到。至於你，你之後會很忙碌，但現在有個**美好**的時間窗口，就是晚上，在你深夜開車回家的時候。對，你明天會是忙碌的一天，不過我們不會讓你有任何創傷或留下任何身體效應。我們會溫和地把你放下來，你會繼續開你的車，幾乎不會曉得發生過什麼事，直到你準備好要知道。

朵：我可以問在路旁的那個物體是什麼東西嗎？

邦：喔！那個物體。那是我們的一個小偵察機。我們只是讓它看起來像是地球人熟悉的東西——像台大卡車。她看到旁邊那些走來走去的是我們的人。

朵：山丘後面的光又是什麼？

邦：那是另一艘我們的太空船。事實上，這一晚我們派出了一個艦隊。其中一艘在山丘後面。遙遠的山坡住了一些人。那裡有很長、很長的一段路就只有山丘和山谷，偶爾才有泥土路和一間房子。其中有些是我們的人。有時地球人會納悶為什麼有人一直住在偏遠的區域，他們是不是有過這些外星經歷。

朵：你是說住在那些房子裡的是你們的人？(是的。)你的意思是他們現在住在地球上？

邦：我指的是我們探訪和帶走的人。

朵：我明白了。我以為你是說像你們那樣的生命體。

邦：不是，我們不在地球上生活。

朵：換句話說，這些住在偏遠孤立地區的人是你們的合作對象。

邦：對，在邦妮開車經過的山丘後面有我們一架太空船。有的太空船會發出非常大量的光。那艘太空船是去探訪屋子裡的某人。那裡，噢，那後面有好幾間孤立的鄉下房舍，但你從公路上是看不到的。

朵：那不是她現在在的這艘太空船。

邦：不是，不是。是另一艘。還有，事實上，從她的視野來看，海岸邊還有另一艘。她所看到的那個突然出現、沒有任何聲音的圓形閃光，只是那艘太空船剛剛突然進到了她的次元。那只是一瞬間，在它進入第三密度後，多少就穩定了。那只是撞擊點所引起的閃光。

朵：你的意思是次元的撞擊點？

邦：是的。那艘船從另一個次元進入第三次元實相的撞擊。這通常會造成閃光。我們常在白天進入，可是人們一般不會注意到閃光，因為從地球觀點來看，天空是亮的。

朵：所以當它一進入這個次元，閃光就退了。

邦：是的，它會進行立即的調整，成為……我知道地球人很難理解，但它本身會變得比較稠密。那艘船和船上的人。所以他們進入得很快，而且幾乎是立刻就調整為能存在於第三次元。奇怪的是，第三次元往往看不到它。他們是看得到，但通常不會去看。你會很驚訝我們有多少艘太空船飛來飛去，卻從沒被人看到。

朵：(笑)我不會驚訝。我知道會有這種事。

邦：還有一件事。當我們把她放回路上，我們會儘量把她放回我們帶她走的地方。這很容易，因為我們的船還在下面。當我們把她放回去的時候，她也必須重新進入第三密度。

朵：她在船上的時候是在另一個密度？

邦：當她在這艘船，坐在這張椅子上的時候，她的形式並不是她在地球的第三密度裡那麼濃密。

朵：所以當車子下來地面的時候，你們必須調整密度。

邦：是的。加上她重新進入的那一瞬會出現閃光，她會被嚇到。

朵：這是因為兩個次元又再次互動的緣故嗎？

邦：是的，因為她是從比較輕盈的密度進入濃密的第三密度。就像海岸曾出現閃光一樣。在公路上也會有。她會看到。她會在她的車子裡。我們會把她放回她的車裡，然後讓她降落。這些她都不會曉得。然後突然間會有閃光。她接著就會回到公路，車子引擎運作，她又在開車了。

朵：可是這個經歷一開始的時候，她看到前面有道閃光劃過擋風玻璃。

邦：沒錯。那是因為她就是在那個時候，就是在那個地方，進入**我們的**次元。當然，我們有從旁提供協助。

朵：所以那也產生了閃光。

邦：對。所以就這一點來說，當地球人、地球的車子、地球的動物——其實就是地球上的所有生命形態——離開第三次元，進入我們較輕、較高的振動密度次元——這裡有種實體，但不是那麼「實心」，在那個時候，通常會出現這種閃光。好，同樣的，大多數的人在白天不會看到閃光，而如果是晚上睡覺了，他們也不會看到。也許他們體驗到的只是身在光束中，不那麼像是閃光。但有時當事情發生得非常快速，就像她的情形，那就會出現很大的一道閃光。當某個人在路上開車的時候，我們常用不同的方式進行。我們會用光圍住他們，讓他們的車子引擎無法運作。車子的引擎停擺了，車燈也熄了。我們確保他們到了路旁，或是離開了馬路。我們知道馬路可能會發生什麼事。那會對大家都不好。但這是一個比較緩慢的過程，車子裡的人會意識到引擎熄了，因此當進入我們的次元，就不會那麼劇烈且突然。你明白我的意思嗎？光包圍住車子，引擎停止運轉，人離開馬路，我們出現，帶他們穿車門而出，或打開車門，就像我們對邦妮做的一樣。通常我們會用光束帶他們上來，在那種情形就不會有閃光。這是一種更加漸進的轉換。

朵：所以有兩種進行方式。（對，對。）好的。我們這裡快沒時間了。

邦：我瞭解。

朵：我想再問幾個問題。她說她在亮光中看到一條像是光帶似的東西。那是什麼？

邦：那是我們的雷射效應之一。很纖細的光束。它實際上是來自我們在路上的太空船。那艘船其實還在那裡，它事實上不在路面，而是在路的上方。我們從來沒有把太空船真的降落在地面上。

朵：為什麼？

邦：那會很傷我們的太空船，因為散發在船四周的能量效應，當然，還有底下。船的整個表面都散發著一種能量效應，協助我們推進和飛行。如果太空船的底部降落在地面，能量就會被打斷。所以太空船必須盤旋，或有時放下腳架。這次它只是盤旋著，但離地很近，所以在她看起來是在地上。

朵：你說的雷射效應是什麼？

邦：那是我們那艘小太空船的東西。事實上，我們所有的太空船上都有。它們的力量是即時且非常強大的。它是光束。有特定的品質、是一種特定的光頻，具有明確的——我不會說是「實體的」——強大力量。它的頻率非常密實且集中。它其實是很細的光束。你們現在對這個還沒有什麼瞭解，當你們講課和放投影片的時候，你們會使用雷射筆，你按下一個小按鈕，就會在一段距離外的螢幕上看到一個紅點。事實上，在雷射筆和紅點之間有個光束，有一個特定的頻率。它非常窄細，人類的肉眼通常看不到。我們的眼睛則隨時都看得到。我們看得到不同的頻率。這個小光束投射出去是為了吸引她的注意。是要讓她知道，尤其是後來，確實是有什麼不尋常的事情發生。可是我們不想做任何會真的嚇到她的事，或是讓她今晚受到太大的情緒衝擊。因為我們瞭解她還要開很久的車才能回到家。她這個週末還有事，她需要休息和恢復精神。

朵：她說擋風玻璃裂了。是什麼造成的？

邦：光束。

朵：光束打到擋風玻璃？

邦：是的。它就是有這麼大的力量。

朵：這是刻意的嗎？

邦：是的，是刻意的。它之所以會斜斜的，是因為它是從比太空船稍微高一點的地方發射出來的。記得我說過的，船在盤旋。當她開車經過時，太空船不是全然落地，所以光是從高一點的地方往下掃過她的擋風玻璃。那個光因為不是實體，我們知道它會有兩個效果。我們知道它會造成衝擊，在她的擋風玻璃上留下記號；我們也知道它的密度不會使得她突然偏離方向，發生事故。

朵：光是在她被帶上你們的太空船之前打到擋風玻璃，還是在你們把她放下來之後？

邦：不是的，實際上我們還沒帶她上來。之前發生的是強烈的亮光，然後看到了那條光帶。我想，從你們的觀點來看，我們確實有奇妙的方法。（咯咯笑）總之我們讓她看到了光。然後她在車內往上開——她是對的——斜斜的往上開。接下來我們把她抬升到上頭的另一艘太空船上，小的那艘則待在下面的路旁。當我們放她下去時，我說過，我們會盡可能把她放在帶走她的同樣地點。如果可以，我們會帶她下去，回到她看到令人目眩的光裡有條什麼東西的那個時候。然後我們會讓這個體驗繼續。她會受到雷射光束的衝擊，擋風玻璃會破裂。但時間是相對的，因為事情將會發生，所以就像已經發生了一樣。

朵：好的。嗯，我說過，我們在我們的次元是有時間的限制。（是的。）我要由衷地向你致謝，謝謝你跟我交流。

邦：我很樂意這麼做。我有很多同伴已經和你溝通過，朵洛莉絲。

朵：（笑聲）我不曉得是不是同一個團體。

邦：喔，你跟許多團體共事。我是其中一個團體的成員。我們是許多團體之一。所以我對你很熟悉。

朵：那麼你知道我向來都很好奇。

邦：噢，而且你對這個世界做的事真的很棒。我們非常開心，再開心不過了。

朵：那麼我可以繼續跟……

邦：(打斷)當然！還有分享。我們尊敬你的寫作，也尊敬你的演說。我們尊敬你的旅行。那絕對是偉大的。你身為這麼好的人類，擁有美好的特質，所以你的人類同胞**接受**你。他們**相信**你。他們對你說的話抱持開放的態度。別人對你的印象是淳樸的小鎮居民，你就像一般人一樣，但實際上你傑出得多。你是他們可以信任的，像慈母般的人。人們從喜歡、可以信任的人口中聽到這些事非常重要，這對今天的地球**極為**重要。

朵：那麼我可以透過邦妮跟你聯繫，得到更多資料嗎？

邦：當然。請這麼做。我們很高興。在我們結束前我要說，圍繞她的那些小生命，跟很久、很久、很久以前在另一世與她合作過的生命體是同類的。

朵：因為他們活得比較久。

邦：是的。我們都是想活多久或是需要活多久就活多久，以便做我們在做的工作。就是這麼簡單。**謝謝**(強調的語氣)你促成這次的體驗。謝謝你協助邦妮做這件事。

朵：你知道我很保護她，總是把她的福祉放在心上。

邦：我確定你是。她也很確定。

朵：那麼我可以要求你離開嗎？(**可以**。)讓她的人格和意識再次回……

邦：(打斷我的話)我們確實需要讓她回去。這不會花很久的時間。

我忘了我們的時序跟他們不同，但那位較高大的生命體沒有忘。我們顯然必須先順著他的順序走，然後才能帶邦妮恢復意識，回到我們的現實世界。

邦：小存在體把她放回車裡。好奇的他們往後退。然後他們打開這艘大太空船的底部。她在光中慢慢下降。順帶一提，公路上仍然沒有人。我們已經讓一〇一公路此刻北上和南下的每一個人都停下車。這一刻在地球時間其實是非常、非常短。所以你會很驚訝，在那一剎，那些人不是想靠邊停下來看海，就是小睡一會兒。很多北上和南下的人都在打瞌睡。只那麼一下下。只是稍稍瞇一下。我們這麼做是因為不想讓他們看到那些光的效應。

朵：我確定那不是要給他們看的。

邦：然後我們把她放在路上。她現在往下降了。落地了。喔喔！裂縫出現了！雷射光束。完美的時間！絕對的完美。我們對這個招數很自豪。（我笑出聲來）現在她繼續開車。她想停車，但**我們**在向她發送——並不是她的靈魂的聲音，而是我們在對她發送：「繼續開！不要停！繼續開！離開這裡！回家！」的想法，她照著做了。我們必須再開放公路，所以一定要讓她上路。

朵：很好。現在她都知道了。讓她知道這件事完全沒有問題。

邦：是的，太好了。

朵：好的。現在她開車往回家的路上，而你帶著滿滿的愛和感謝離開。（**是的**。）下次再見了。

邦：謝謝你，親愛的。

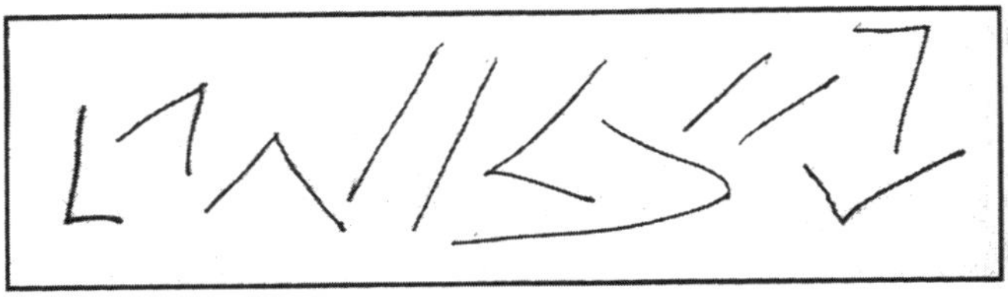

邦妮畫的「卡車」車尾上的符號

我下指令，整合邦妮的意識和人格回到她的身體裡，並指示她回到現在這個時間架構。她接著醒來，開始問這次催眠的經過。

有一位觀察者說，他很驚訝那個存有口若懸河而且非常流暢。邦妮說她的個案也是這樣。她顯然用了同樣的技巧通過了意識心的情緒狀態，到達真正資訊的所在。

邦妮有很多問題想問，但我知道沒有時間一一回答。我凌晨三點就要起床趕巴士（四個小時的車程）回丹佛，再搭飛機回去。邦妮和那兩位男士也要開兩個半小時的車回科羅拉多。我知道她在這麼深度的催眠之後無法開車，所以其中一位說他會負責駕駛。後來邦妮告訴我，他們在車上放錄音帶聽，她對透過她傳達的資料感到非常訝異。

幾個月後，一九九七年九月，我前往加州進行一連串演說，我在洛杉磯只待一天。邦妮到我下榻的飯店接受另一次催眠。她把想問的問題列了一張清單，希望能夠找到上次那位存有詢問。

我使用她的關鍵字，她立刻進入深度的出神狀態。我讓她回到太空船上的場景，她再次看到自己被孩童似的可愛生命體圍繞。

邦：我坐在椅子上。所有的小生命體都圍著我擠成一團。他們還是很好奇，互相在搶好位置，用手肘把別人推開，用肩膀擠開，他們一個勁地盯著我看。這真的好可愛，我並不介意。他們好有興趣的樣子。這麼多生命體對我這麼感興趣，其實是一種恭維。

朵：也許他們不常這麼近看到像你這樣的人。

邦：我不知道。我從沒能好好看他們。這是肯定的。你知道，我會想暫停，想多瞧瞧這些藍灰色的小人。

朵：你的意思是想把他們看得更清楚？（是啊。）（停頓了好一會兒，她像是在仔細看著他們。）他們看起來不一樣還是都很像？

邦：喔，這些小傢伙都很像，只是這次我想注意他們的皮膚和更多細節。之前我的印象是他們的皮膚很光滑，不過上面其實有些細小的顆粒……有點不平，皮膚上像是有小小的突起。我說「突起」，但它們很細微，幾乎像是……我想到最接近的描述會是我們起雞皮疙瘩的時候。或許比雞皮疙瘩還要圓些。他們的眼睛也很特別。眼睛正上方像是有個脊狀的東西。你知道你看人類的眼睛會看到眼皮，然後在眼睛圓圓部分的正上方有點往後縮進去。（是啊。）好，他們的眼睛有點像那樣，除了我沒看到有眼皮覆蓋住眼睛，也沒有看到睫毛。我現在正看著右手邊一個很靠近我的小東西。（她有困難形容）……眼睛不是扁平的，周圍有點雕刻般的形狀。兩隻眼睛都有些凹陷。有幾乎像是眉毛的東西，但沒有毛。

朵：你提到突起。你是指那個像眉毛的東西嗎？

邦：在眼睛的上方有點拱形。好難形容，可是我看得到。還有，隱約有顴骨。很不明顯。鼻子也只是有一**點點**那個形狀，不像我們的那樣突顯。

朵：有鼻孔嗎？

邦：有耶，我想你可以說那是鼻孔。它們不是圓形的，有一點橢圓，是上下垂直的方向。

朵：有嘴巴嗎？

邦：沒有。只有非常非常細，非常小的……我真的看不到嘴唇。我在試著感覺大小。嘴也許是一英寸寬（譯注：二．五四公分），或許稍微再寬一點，一又四分之一英寸。

朵：那很小。你可以看到有沒有耳朵嗎？

邦：沒有。那裡沒有什麼突顯的東西。但似乎有——我在想你會怎麼說——從我們的臉的正面來看，我們有個小凸起的東西（譯注：耳屏），多少可以保護耳道。他們有類似凸起的東西，可是沒有外瓣（指沒有耳廓）。在那個小小凸起的東西後面可能有個洞，但很不明顯。我真的看不到有耳道或什麼的。那裡是有個什麼，但很小很小。

朵：你看得到他們的手嗎？

邦：可以啊。他們的手和我們的很不一樣，非常瘦。如果你看他們的手背，跟我們比起來非常窄，手指也沒有那麼多根。他們有三根手指，然後多一個我想是大姆指的東西。它跟其他手指差不多長，但不是在我們大姆指的位置上，而且似乎比其他手指有更多斜向一邊的動作。

朵：這些生命體有穿衣服嗎？

邦：真的很難說，因為他們全身都是一個顏色。我在努力看是不是有什麼不一樣。我想可能有穿某種套裝，雖然我真的看不到衣服的邊。這就是奇怪的地方，但整個身體似乎很平滑。

作為客觀的報告者，邦妮表現得非常優異。在我調查過的其他許多案例，個案對長相怪異的生物都很反感，而且不願多看他們。在某些例子，個案的潛意識甚至只讓他們看到模糊的影像，或者只看到背影。邦妮就跟我一樣好奇，她要求放慢場景，以便研究那些生物，仔細地看個清楚。這麼做也顯示她對他們沒有恐懼，而是科學上的好奇。此外，全然客觀也能帶出更多資料。

朵：另一個生命體在那裡嗎？回答過我們問題的那一個？

邦：在啊。他就站在我前面那些生命體的後面，幾乎就在我的正對面，稍微偏向我的左邊。

朵：我們能再問他問題嗎？

邦：可以。（輕柔的語氣，不是對著我說。）我想進一步跟你談談，問一些問題。我需要讓他近一點。

他說：「清楚一點。清楚一點。」

朵：你懂得他的意思嗎？

邦：懂啊。就是讓我自己看得到他。（嘆氣）也許我可以描述他的樣子，把他看得更清楚些。

朵：他沒有讓你不安，對嗎？

邦：沒有，他沒有。好，他很高，很瘦。還有，他非常非常白。

朵：膚色不一樣？

邦：哦，是啊，他和其他那些顏色比較深、比較藍灰色的小傢伙很不一樣，他是純白色的。跟我們的白人不一樣，他是像白紙的白。

朵：那麼他很白。他的臉也長得不一樣嗎？

邦：噢，是啊。他沒有像他們那麼圓的頭，頭和臉比較長也比較瘦。頭頂看來圓圓的，不過頭頂中間有一點小小的凹陷，不完全是圓的。我也沒看到耳朵。還有，我沒看到像是肉的東西，所以他的頭幾乎像是骷髏頭。

這個描述聽起來很不一樣，一般人目睹這樣的生物應該會被嚇到才是。但令人訝異的是，邦妮描述這個生命體的時候卻一點也沒有恐懼或不安，感受到的是她的幸福和自在。從我們人類的情緒來看，這似乎很矛盾，但她對那些小生命體也有一種幾乎是愛與調諧的感覺。

第一次催眠時，當他們把她帶進這個房間又戴上裝置，她以為自己應該會很害怕，結果並非如此，連她自己也有些驚訝。她唯一經驗的恐懼是在意識到「卡車」周圍的那些小人不是人類的時候。等她進入太空船，恐懼就完全沒了，小生命體的孩子氣反而讓她覺得有趣。現在這個長相怪異的生物在旁邊，她也是一副泰然自若的樣子，不僅平靜地描述他的模樣，還本著科學的客觀精神仔細盯著那個生物瞧。

朵：你說像骷髏頭，意思是皮膚看起來很緊嗎？

邦：非常緊，但我猜一定有個什麼覆蓋物。好，他的眼睛非常、非常大。在臉上的比例比小灰人的眼睛更大。

朵：他們的眼睛顏色一樣嗎？

邦：不是。小灰人的眼睛比較藍黑色，不然就是帶有深藍色調的黑。他的比較接近深褐色，幾乎算是黑色，但偏褐色。形狀也不同。他的眼睛比較是垂直的長方形，只有邊邊是弧形的，他們的眼睛不像我們在臉上是橫向的。他們的眼睛比較是垂直。

我一邊聽一邊在心裡想像她所描述的樣子，覺得很意外。

邦：它們是上下垂直的部分比橫向的部分要長，上面比下面稍寬，眼睛佔了臉的大半面積。所以當你看著他的時候，主要只看到他的眼睛。我如果用英寸來想，(停頓)眼睛大概有三英寸半到四英寸長，寬可能是三寸。

朵：好大的眼睛。他的其他五官和那些小灰人類似嗎？

邦：喔，整個臉的形狀不一樣。小生命體的頭頂和太陽穴的部分更大，更圓，再下來就變成圓錐形，下巴很瘦。他的臉則是最上面的部分比較大，雖然一樣往下縮成圓錐形，但我一直想說，他的臉很像是你正面看著一匹馬的頭。他沒有像馬一樣的鼻子或嘴巴。我說的只是臉型。

朵：所以是比較狹長的。他的嘴巴或鼻子和那些小灰人像嗎？

邦：不會。我又想到馬了。他整張臉的中間和下面的骨骼有點往外突出，可是沒有鼻子的輪廓。我真的很難找到嘴在哪裡。讓我看看。（停頓）有，有嘴巴。下巴附近有算得上是嘴巴的東西，也許甚至在下巴下面。因為我沒看到他的臉上有像那些小灰人一樣的嘴。他很不一樣。

朵：他的手呢？你能看到他的手嗎？

邦：不能，我看不到。我只看得到很長、很瘦的脖子，也是純白色的。我還看到肩膀。

朵：有衣服嗎？

邦：他整個人是白色的。我想他穿著某種白色的衣服，從非常瘦的肩膀往下垂墜。我現在正在看。（停頓）就在他的脖子下面——有個看起來像是圓形的開口，但沒有領子。我們通常會在脖子那裡戴珠寶、項鍊之類的。我可以明確的說他的肩膀非常非常窄，身體非常非常瘦，手臂也是，不過我還是看不到衣服的線條。看上去像是穿著長袍或是比長袍還寬鬆些的衣服。不像小灰人穿的那樣合身。

朵：好的。你想他現在可以回答問題了嗎？

邦：是啊，我想可以了。

朵：請告訴他我們很好奇。我們想知道的事情很多。

邦：我們很好奇。我想了很多關於你的事。我也想跟你說，每次想到你，我都感覺很好。事實上，如果說有什麼感覺，那就是我覺得很光榮。我對你或其他的小生命體從不覺得恐懼或有不好的感受。我也想向你道謝，因為我從那次之後，自己一個人或是在深夜還是任何情形下開車，都再也沒有恐懼。他的眼睛直看著我。這些生物的眼睛好有意思。因為我在他們的眼睛裡面看不到瞳孔或別的東西，但卻那麼生動有生氣。眼睛好像會動，只是我真的想不出來它們是怎麼動的。它們沒有會眨的眼皮，卻似乎有豐富的表情。我想不出這是怎麼回事。但就是這樣。

朵：我們問他吧。他的眼睛和我們的眼睛有什麼不同？

邦：他說他們比我們有能力看進事物的裡面。他們能看到表象下的東西。

朵：真的？

邦：就像他們看進我裡面一樣。他們透視我的內在。

朵：你的意思是像X光？

邦：是啊，像X光。他看得到外貌，但是——對他們來說更重要的是——他們看得到思想和感受。他們不一定總是能瞭解感受，但可以看到我們身為個體的內在狀態。這是我說他們能看到表象下的東西的意思。他們對我們的眼睛這麼小感到很好奇。（我笑出聲來）當然，對我們來說，他們的眼睛這麼大，我們也覺得奇特。

朵：而且我們的眼睛只能看到一個層次。

邦：對，對。他們的眼睛可以看透許多事物的表象，而且他們的視線範圍比我們要廣得多。舉例來說，往下看那段高速公路時，他們看到的是全長，需要看多遠就能看多遠。或者我們該說「寬度」，這要看他們是怎麼看的。

朵：你的意思是，當他從太空船上看著公路，他可以看到整個長度。

邦：（語氣改變得很突然）我現在想自己來說。

朵：好的，請說。這樣可能比較容易。

邦：我們看到整個區域。我們在這艘太空船裡可以看到一切。我們看到我們的正下方有些什麼。我們看得到整個領域，看得到公路的各個上下出口，還有公路的兩旁。我們看得到往大海的出口，也看得到往內地的路。我們看得到沿著海岸線北上和南下的路。一眼就都能看到。

朵：你的意思是同時？

邦：對。我們不必像人類那樣轉動眼睛。我們的視野很廣。不僅如此，我們還看得到所有事物的**內在**，那也在我們的視線之內。我們看得到整個區域所有車輛裡的每個人，甚至海上船隻裡的人。我們看得到所有在屋子裡的人。我們看進每棟大樓，每個住家。我們看到邦妮開車時注視的山丘後面。看到我們的太空船在那裡。我們看到散布在不同路上的其它四間房子。我們看到所有崎嶇的山丘。我們看到范杜拉市（**Ventura**）。我們看到聖塔芭芭拉（**Santa Barbara**）、蒙特西托（**Montecito**）和卡平特里亞（**Carpinteria**）。

他們的大眼睛讓我聯想到昆蟲。人類無法真的知道昆蟲的視野有多廣，因為我們無法進入牠們的心裡。但這兩者是否相似呢？昆蟲的大眼是否接收到比我們所知的還要更多的資訊？

朵：一次接收這麼多資訊不會困惑嗎？

邦：不會，不會。但我想人類會。

朵：(笑)對。我是從人類的角度思考。

邦：不會困惑的。我們一直都是這樣。我現在說的是三次元實體地球的實相。但我們看到的還有更多。我們看得到其他次元。

朵：那些小生命體是不是……

邦：你是在問那些小生命體是不是也有這個能力？

朵：是的。他們的眼睛也有同樣功能嗎？

邦：他們看到的沒有那麼大範圍，但絕對看得進去。就像他們現在在那邊看著邦妮。而我正看著他們的後腦。(這個觀點的轉換清楚顯示並不是邦妮在和我溝通。這個存在體是從他的觀點說話。)他們看得到她的思緒、感受和過去所發生的一切。他們也看得到她的心理功能是怎麼運作的。他們正在看她的眼睛如何運作。她的眼睛是睜開的。他們在看她的腦是怎麼運作。看所有那些小小連接的管子是怎麼運作。所有那些小腺體、節點和組織。他們看鼻管和裡面的小毛髮。還有液體和鼻竇。

朵：這是為什麼他們要這麼近觀察她？

邦：是的。他們只是在享受一段美好時光。(我哈哈笑出聲)她知道他們非常好奇。

朵：可是她不知道他們可以看到所有這些。

邦：她對他們可以看到什麼完全不知道。他們可以看到耳道，看到聽力是怎麼運作的，還有裡面的耳垢。他們看到唾液和靜脈竇的液體。噢，是的，有太多東西要看。

朵：為什麼你們不像我們有東西覆蓋和保護眼睛？

邦：我們有覆蓋物。是內建的，很像你們會稱為薄膜的東西。

稍早的描述聽起來像是昆蟲，現在這讓我多少想到爬蟲類的眼睛。

朵：它保護真正的眼睛？

邦：是的，是的。它有點光澤。它是可以自我更新的薄膜。我們不像人類那樣需要閉上眼睛。人類的系統完全不一樣。你們肉眼的表面有很多水分。那種水分會吸引灰塵之類的東西。而我們遮蓋的薄膜，是我們天生就有的，它的表面不會吸引灰塵微粒和其他的小東西。我們可以用這片薄膜讓任何想依附在眼睛的東西脫落。

朵：我曾被告知，你們透過觀看一個人就能知道他的意圖。我們沒有辦法欺騙你們。

邦：對。這是我們所看到的一部分。我想人類可能會認為我們看到的是他們所謂的「真正動機」。我們看到的是他們會稱為「靈魂」的東西。我們看的是核心，是本質，還有所有本質外的覆蓋物，所有對本質的制約。人類最令我們驚訝了，因為隨著生命的進展，除了人類天生的純粹本質，你們把好多的制約、教導、理論和信仰／信念應用在生活中。一個人成年之後，那個純粹的本質可能會完全且徹底地被教導、信仰和教化所覆蓋。於是那個人連要察覺自己事實上是個純粹的靈魂都很困難。他能知道的就是這些層層教導、信仰和教條，這些都是隨著進入了人世，被覆加在靈魂本質上的東西。

朵：我曾被告知，他們會跟我，還有可能跟邦妮合作的原因之一，是因為你們知道我們真正的動機。是這樣的嗎？

邦：你說的「他們」是指誰？

朵：你們，我們所稱的「外星人」。透過和我們合作的個案說話的人。

邦：喔，我們確實知道你們的動機很良善。是為了幫助並帶來真相。

朵：因為我曾被告知我們隱藏不了我們的動機。你們比我們還清楚我們的意圖。

邦：是的，而且不僅如此，你和邦妮還非常努力地要把資訊從一個人的內在深處帶出來。不論是探索前世，或是像你從幾世紀前帶回資訊，或者回溯這一世早期，找到當事人知道之後會對他有幫助的事情，又或者是探索和我們這樣的生命體相處的經歷。你和邦妮還有其他做類似工作的人的動機，是在揭露其他層面和其他次元發生過的事。你們努力得到真相，試圖觸及真實的資料管道和來源。你們做的方式非常辛苦，而我們幾乎立刻就能做到。然而，我們對你們的評價很高，因為你們做的是——也許你們從沒這麼想過——你們做了很多我們做的事，也就是深入內在，看到表象下有些什麼。看到更多純粹的本質，以及過去世和今生所加諸在純粹本質上的覆蓋物。

朵：我們做這個只是比較困難。要花比較多的時間。

邦：是的。雖然你們確實有稱為「靈媒」的人，靈媒比較有那樣的能力，但你們不是那樣看到一個人的內心。然而，你和邦妮特別能幫助人們進入這樣的意識狀態，讓那個人的記憶突破一層層的覆蓋物而浮現。

朵：好，邦妮有幾個問題想問你。（好的。）你說他們從她的腦袋蒐集她處理過的案例和她幫助過的人的資訊。（對。）你們把資訊放到什麼東西裡？像電腦之類的嗎？這樣說是好例子嗎？

邦：我們用我們的心智，對，電腦是個比喻，不過我們不會放進機器裡。

朵：我只能使用我瞭解的人類詞彙。

邦：是的，是的。我們的心智結構裡有你們會稱為「電腦」類的設備，在這方面來說，兩者是很相似。所以我們是自己在使用這些資訊。

朵：她想知道你們會怎麼使用從她的心智所複製的資訊。

邦：我們跟許多許多生命體有聯繫。有跟我們同類型的，也有類型不同，但對地球和地球人非常感興趣的生物。有時我們會用心電感應分享資訊。我們用心靈傳送資訊，就像是把思想投射出去。

朵：那麼任何人想要的話都可以收到？

邦：是的。那是給對這類事有興趣的生命體。因為有很多、很多生命體對地球人很感興趣。有些對你們可能稱為「良心」的東西較有感受，而且他們想知道我們的造訪會對人類產生什麼影響。有一些生命體雖對地球人有興趣，但不在乎他們的造訪和互動會如何影響地球人。資訊傳送就像廣播系統，只不過我們不用電線和其他你們在地球上會用到的那些裝置。它比較像是你們會稱為的「即時通訊」或「以心傳心」。我們之間有不同的組織層次，不同的溝通媒介，並不需要依賴實體裝置。如果要讓它更容易理解，這就好像……我會努力用你身為地球人可以理解的方式去說。

朵：這向來都很困難。

邦：是的，因為我們的運作是這麼不同。這就好像多重次元間有個隱形的網狀物或網子向四面八方延伸。我不斷努力記住你們的思考主要是物質／實體取向。如果你能想像自己從地球的位置往上看，想像有個完全是三次元的網狀物或網子，不是往左右兩邊延伸的二次元，而是往所有方向的所有次元。那麼我們的成員不論在哪裡，都是在這無所不包的多重次元網狀物裡——我在試著想一個你們能明白的比喻。好吧，就以一個沒有燈罩的燈泡做例子。當開燈時，在地球上如果沒有燈罩或牆壁等東西的遮擋，光會往所有方向均等地散發出去。這張網和思想交流的網狀物就是這樣。很像是傳送者，譬如我，所送出的思想波均等地往各個方向發散。四面八方，上與下。因此在這個頻率裡的任何人，只要有這個能力，就能接收到這些相同的思想波。感興趣的人會接收，不感興趣的就不會注意。

朵：因為感興趣的人在尋找這些資訊。

邦：是的。資訊就像是在外頭發光。就好比如果你們的辦公室有台電腦和網路，那絕對是充滿了大量到不可思議的資訊。有些人進到辦公室，打開電腦連上網際網路，由此取得許多資訊。但網路上還有很多他們根本不會去連結的資訊。他們就是不感興趣。所以他們不會——用你們的說法是——「點擊」那些資料。還有一些人進了辦公室從來不去開他們的電腦。有些人甚至沒有電腦。我們大家的情形也是如此。

朵：聽起來很有道理。

邦：在我們的次元裡，有些生命體會對這些資訊有興趣，有一些不會。

朵：好。嗯…她想知道你們住在太空船上嗎？還是你們不時會回到你們自己的地方？

邦：我們現在是在一艘非常大的太空船上。它在地球上空很高的地方。地球人不太會注意到。偶爾才會有一個人看到我們其中一艘大型的太空船並且通報。但再次地，因為我們的眼睛有這樣的視野，我們可以在很廣的視線範圍裡看進每一個人。當發現有人看到我們，通常我們會做些掩飾或隱形，這樣他們就看不到我們。或者我們可能會離開那個區域。我們仍然覺得，不論人數多少，地球人還沒有準備好要面對我們和我們存在於這麼大的太空船裡的事實。我們很多人確實生活在這艘船上，我生活在這艘太空船上，我的那些小朋友們也是，他們也住在這艘船上。

朵：你們有像家一樣的地方嗎？

邦：有，但在很遠的地方。我們待在這艘船上要方便許多。當任何地球人來的時候——就像現在邦妮來到這裡，和我們一起——不論是誰，都只看到整個設施非常小的部分。我們有起居的區域，還有工作區域。這裡是我們的小工作室之一。她只看到了這個非常龐大的綜合設施的兩個地方。這沒問題。如果她願意，也許還有別的機會可以讓她看到更多地方。如果她想的話。但為了方便，我們想在相對來說的短時間裡，做我們需要做的事。所以我們只是帶她和車子進到太空船的分隔艙，然後護送她進入這個小房間。我們會送她回到車裡並下到地面回去。

朵：但她對你們來的地方很好奇。那是我們可以用我們的星圖或星座指認出的地方嗎？

邦：我們確實是在地球星圖上可以看得到的地方，但我們特別的是，我們不是地球比較知道的那些星座名中的一個。我們知道人們會談論天狼星、天琴座、昂宿星團、心宿二（Antares，譯注：天蠍座最亮的一顆星）、仙女座星系和其他地方。我們沒有地球人可以識別的名字。事實上，我們自己根本不使用名字。

朵：我也是這樣想的。這個情形我聽說過。

邦：一切都是靠能量和振動。換句話說，當我們要回去的時候——我們很少回去——那是辛苦又漫長的路程。我們把注意力放過去，找到位置，但是和地球的飛行員使用的方式不同。我們識別的比較是一種振動頻率，而不是控制塔台的人員。

朵：這當然。我是從人類的情況來問，但你們沒有會想念和想見面的家人嗎？

邦：我們很多人的家人就在這艘非常大的太空船上。所以我們看得到他們。

朵：那麼他們跟你們一起旅行。

邦：他們也可以回去。不是每個人在這裡都有家人，但很多人有。我的家人就在這裡。

朵：這讓我想到繁衍的問題。(輕聲笑)我對這方面很好奇。

邦：好，不同類型的生命體有不同的情形。

朵：你的類型是怎麼樣呢？

邦：從地球人的觀點，我們一般說來比較接近昆蟲類。我們並不這麼想我們自己，但我們知道很多地球人這麼想。我們的情況比較像下蛋。我們知道地球人會交配，不過我們沒有地球人那種交配。事實上，我們覺得人類很奇怪，可以在男性和女性直接進行繁衍的時候變得那麼興奮。在我們的情況，我們的女性下蛋，我們再讓已經脫離女性身體的蛋受精。所以是很不一樣的。我們不用地球人的方式和我們的女性結合。

昆蟲的基因天生就有預設的種族記憶，牠們不需被父母教導或訓練。我想他們這類生物也一樣。本書的其他案例也有聽起來比較像昆蟲而不像人類的生物。他們說他們的後代生下來就懂得很多。由於孩子很快就發展為成人，不太需要訓練，所以父母與子女之間的關係並不緊密。

朵：那些小灰人呢？他們也一樣嗎？還是用另一種方式繁衍？還是他們不需要繁衍？

邦：小灰人有很多不同的種類。我想地球人常把他們當成同一類。但其實有很多種。

朵：我在我的工作也有這個發現。他們有不同的類型。

邦：因為我也跟其他的類型共事，這個問題我必須想一下。現在圍繞著邦妮的這類小灰人跟人類的繁衍方式不同。他們沒有陰莖和陰道。

朵：他們是無性的生物？

邦：對，他們不像人類為了快感或繁衍性交。對這些小傢伙來說，繁衍比較像實驗室的程序，要從生命體中取出細胞混和。這些小灰人的男性和女性之間的差異非常微妙。你從他們的身體外觀看不到像地球人那樣的男女差異。性別比較是基因結構上的差別。所以我們從他們身上取樣。通常我們會從他們受到保護的柔軟處取樣，這很類似你們所稱的「刮皮屑」，就是採集皮膚細胞的樣本。最常刮皮屑的地方之一是在男性的手臂下方。

朵：像是腋下？

邦：腋下，是的。那是很受保護的地方。有時我們能……

朵：我不得不打斷你。我必須處理我的小黑盒子。你瞭解的，對吧？

邦：我明白你在做什麼。

我把錄音機裡的帶子拿出來，放一卷新的進去。

朵：我們沒辦法記得所有說過的話，需要一個機器才能記錄下來。

邦：噢，是的，我正要說這個。對於地球上所有像你一樣如此真誠關心，想要記錄、記得並且重播資訊的人，我們會，嗯……很有耐性和包容。就好像一個有成就的大人看著一個小孩，然後意識到，舉例來說，小孩子可能必須用手指才能算數。你對我們來說就像這樣。我們沒有高傲的意思。這是充滿愛的樂趣，還有包容和接納。所以完全不是問題。

朵：(咯咯笑)我們試著傳遞訊息，所以其實也是在做同樣的事。我們想盡力做到最準確，不想依賴自己的記憶。

邦：是的，我很欣賞這點。好，回到繁衍的話題。有時候我們會從皮膚的表面採樣，我們稱之為「基因素材」。我說的是那些小灰人類型的生命體。有時我們會從他們的兩腿之間採樣。並不是因為那裡有生殖器官或開口，而是因為兩腿之間也是不對所有的空氣、灰塵、汙染物或其他東西開放的地方。它比較封閉或可說是受到保護。我們的太空船上有個用來進行繁衍程序的房間。我們刮男性的皮屑。不過，再說一次，他們的男性和女性沒有太大的不同，然後我們從女性身上採樣，將兩者混和。我們有非常一塵不染的實驗環境。我們——我猜你會用「育種」這個詞彙，或者，你們有魚卵孵化場，不是嗎？(有。)在地球上，你們還用其他類型的設備來育種和孕育某種培養菌，某種生物。我們也一樣，只除了我們是在經過控制的液態環境中**培育**男性和女性的基因物質，直到我們覺得那個生命形式已經準備好從液體出來，過著一般生物的生活為止。

朵：這意味著這種生物無法在沒有實驗室的情況下繁衍。

邦：對。

朵：聽起來很像我們聽說過的一些外星人從人類身上採樣的案例。

邦：是的，沒錯。雖然在某些案例——我確定你知道，我知道邦妮知道——他們將人類男性或人類女性的基因素材與另一種物種混和，創造出混種的生命體。不同團體做的方式會有些不同，但有時做法和我描述的方式非常、非常類似。某些團體有時會，嗯……相當於你們說的「授精」，對卵巢，對人類女性的卵子授精，再把授精卵放回到人類女性的子宮裡兩個月或兩個半月左右，也許頂多三個月的孕育期。然後他們會把那個生命體或胎兒拿走，再放進特別保護過的環境裡，直到成熟。

朵：把人類和別種生物的基因混和是什麼目的？

邦：我們的團體，**我的**團體，並不直接這麼做。但我當然知道有些團體會做。就像其他外星生命跟人類之間的互動有許多層面，有很多不同的團體在進行許多不同的事項。有些團體到地球蒐集這些基因素材，然後跟他們自己的基因混和，目的是為了讓他們的種族永續，因為他們覺得他們的存續岌岌可危。事實上，這些物種有的甚至沒了母星可以居住，他們現在住在太空船上。有些生物為了維持自己物種的存續，派了使者到地球蒐集基因物質。有些物種發現我剛剛跟你說過的方法，就是在腋下或兩腿之間刮皮屑，取得基因素材。有些物種發現這個方法有效一陣子，但不再可行。他們需要自己基因之外的**其他**基因材料（遺傳物質）。在進行了很久的混種繁殖後，他們現在需要來自別的物種的基因材料，而他們現在選了人類。

朵：因為之前的那個方法已經無效了？

邦：是的，無效了。活下來的後代不夠。我不知道你是否察覺到一件事，那就是有些對地球人類做這些工作的物種，也試過對你們會稱為「外星人」的其他物種做過同樣的事；那些並不是住在地球上的物種。因此，事實上，甚至是在現在，都有非常多種的繁衍實驗和體驗正在地球人類以及宇宙其他地方的生命體之間進行。他們的努力——事實上，你們甚至會用「迫切」來形容——是為了讓自己的物種永續。只要是有生命的地方，不論是地球上數百萬計的物種，或是存在於別處的許許多多不同的種類，生命基本的共通性似乎就是：每個物種都想永續生存。你們從地球上的動物王國就能知道，物種為了生存什麼都會做。所以這是他們為了生存而向外發展的一部分。此外，還有一些其他目的。有些物種透過混合部分人類和別的物種，想要創造出能瞭解地球人的新物種。這些後代將會瞭解**兩種**物種：地球人種和另一個物種。他們會是更直接的中間人（指在地球人和外星種族之間）。這是很有需要，也是非常重大的計畫。因此，有生存計畫，也有中間人或使者計畫。我們有些人會稱後者是**友善**大使計畫。

朵：問題在於有些人類覺得這是一種侵犯，他們覺得沒有被徵求過意見。

邦：是的。他們不瞭解的是，他們其實早就同意過了，而我為此感謝他們。只是這往往不在他們清醒時完全意識到的層面。

朵：我能瞭解，因為我聽說過，但一般人不瞭解。邦妮想要知道你們是怎麼選擇合作對象？有一個揀選的過程嗎？

邦：我們有很多不同的方式。其他團體的方式也不一樣。所以很難給你一個過於簡化的答案。

朵：這些都是很複雜的問題。

邦：是的，也都是非常好的問題，能讓你們對於想知道的事情有更多瞭解。我們有些人常在我先前提到的靈魂本質的層面上運作。我們可以看穿地球人所有一層又一層的覆蓋物和制約，直視靈魂，直視本質。我們之中在做這些工作的，常常在對方只是——不過我不該用「只是」這兩個字，因為就是靈魂——他們在那個人甚至還沒轉世到這生以前，就有在靈魂層面，靈魂本質上的合作。我們在那個靈魂轉世進入這生以前就跟他合作。我們跟那個人，還有那個人的協助者，有美妙的心靈感應關係。我們常稱那些「指導者」為指導靈，也稱他們為「協助者」。我們跟他們交談，這些都是透過心靈感應，但他們常會有看到我們的感覺。我們解釋我們在做什麼，並問他們是否會在他們即將轉生的那一世與我們合作。我們只和那些說：「好，好，我們願意，我們同意。」的個體合作。就像一個人在進入**地球**生命以前，他在靈魂層面已經決定要體驗所有其他事情一樣，只是當他們在活那一世的時候，往往就不記得了。這是地球人和其他物種之間的差異之一。由於我們比較接近自己的本質，而且可以看到其他人的本質，彼此也都能看到對方的本質，我們比許多許多的地球人更清楚自己的目的。不過，有些地球人也會有那樣的感知。

朵：我瞭解，因為和我合作過的其他人也曾對我這麼說過。但一般人不太能領會。

邦：對地球人來說，這很可能真的很難領會。

朵：我們這裡有時間的限制，因為我不讓我的個案在這樣的狀態下太久。我很保護我的個案。我只想再問幾個問題。

邦：我想邦妮做得很好。她已經做過很多回溯工作。

朵：她想知道自己的事。除了你們以外，她曾經被其他目的可能沒有那麼高尚的團體帶走過嗎？她有沒有被不那麼正面的任何團體帶走過？

邦：我並不知道。我認為沒有。我們之所以被她吸引是因為我們一直在注意許多的地球人，還有和我們有過接觸經驗的人。我們知道她做了很多回溯催眠的工作，還有她對這方面一直非常非常有興趣。她公開對許多人談到這些經驗。要知道，我想地球上絕大多數的人都沒有意識到，我們因為擁有這種增加的視覺，我們視域的寬度、深度、長度，還有覺察力，讓我們許多人對他們有不少瞭解。我們對地球人知道的比地球人對我們知道的多上太多了，我們也持續在注意特定的人。

朵：好，她還有一個問題：你們也從其他回溯治療師身上蒐集類似的資訊嗎？

邦：對，沒錯，我們有時候會這麼做。我們用不同的方式去做。我們在試著從廣大的角度去瞭解我們和其他團體對人類造成了什麼影響。從我們的觀點來看，我們想要改善與人類互動的方式，而個別來說，我們的團體並不想造成不安、傷害、恐懼和心理創傷。我們知道許多經驗到這些事的地球人變得非常痛苦，心理創傷很深，因此有著負面影響。

朵：但身為人類那是很正常的反應。

邦：對，所以我們想用一種反應會好得多的方式去做這一切。我們想要地球人因為認識我們並跟我們接觸而受益。我們無庸置疑地已從我們與地球人的接觸中受惠。然而，我必須先聲明，在傳播我們的發現時，譬如從邦妮那裡得到的資料，宇宙中比較不那麼利他主義的團體會有機會把資訊用在比較自私的用途——以你們的觀點來看。人類要瞭解的一件非常重要的事，就是來到地球和人類互動的團體裡，有些生命體非常自私，而且不在乎對人類造成了什麼影響。但是，也有很多團體非常關心人類，關心整體人性，關心人類在負面的好戰本性中體驗到了什麼。我們非常擔心人類的貪婪、自私，還有人類對這個美麗的活生生的地球所做的事。因此我們有很多人非常關切，想要盡可能地協助。但我們知道地球人甚至對我們的存在都懷有巨大的偏見。

朵：是的，而且許多人把事情完全看成是負面的。但我從來不這麼相信。

邦：是的。許多人甚至不相信我們的存在。

朵：這也是事實。

邦：這實在是很滑稽。所以我們要面對的事很多。我們有些人很想跟人類有良好平等的協商與接觸。各地也有一些人類希望如此。但我們有這種感覺的人很難適當地跟也有這種感覺的地球人碰到一塊兒。因此現在這個經歷非常珍貴和重要，我們能夠禮貌且坦率、公開地跟你這位地球人說話，而且你也很能接受，一切都進行得很順利。

朵：我以前就做過了。大概是因為這樣吧。

邦：是的，邦妮也很自在。

朵：所以我們不是一般……

邦：在這方面絕不是一般的地球人。

朵：我可以問你有沒有從我這裡蒐集過資訊嗎？不一定是你，或許是你們的其他團體？

邦：有，我相信我們其他的團體有人做過。我個人沒有。我是上次和邦妮有這類經驗時才遇到你。但我相信有人做過，因為你對這方面知道得很多。你會繼續跟人們合作，我們對你的工作有很高的評價。

朵：我總是告訴他們（指外星生命）我不想看到他們。我認為這樣我會比較客觀。

邦：是的。好，我們會努力尊重。就像我們那晚試著以不會把邦妮——她可能會說——嚇壞了的方式進行。

朵：也不會造成破壞或混亂。

邦：對。我們已經讓她夠混亂的了，她必須更換擋風玻璃，同時納悶那是怎麼回事。但我們沒有傷害到她。

朵：這很重要。她現在得到的資訊對她的工作也很寶貴。

邦：是的，我也想說，我們知道她最近發生一件非常、非常不幸的事，也是在路上，在她的車裡，同一輛車。我們想要你們知道，那件事，那個事故和我們無關。但事情發生後我們知道了，尤其是她躺在馬路上，用心靈呼喚任何可能知道和可能幫助她的人。我們很自豪她想到我們，還有認識她的其他次元的生命體。她要求我們協助療癒。我想讓她知道，我們正在盡我們所能加速她的療癒。她做得很好。她會恢復得非常非常好。

催眠開始前，邦妮告訴我幾週前她發生了一場嚴重車禍。她的車毀了，其他車子（不只一輛）裡的人受重傷。她的傷主要在背部，到現在依舊很不舒服。要開始這次的催眠時，她曾懷疑背傷是否會令她分心而無法進入出神狀態。她把枕頭放在背部底下和周圍，試著讓自己舒服一點。當然，我知道出神會很放鬆，她的肌肉會因此不那麼緊繃，感覺也會好些，反而不會分心。

朵：這樣很好。我知道她非常感謝你們的幫助。很謝謝你們幫她並且關心她的情況。

邦：是的。我們本來就很關心她，當然會為她擔心，但她對我們也很重要，我們要她平安無事。

朵：我知道她會感謝你們的協助。好，我想我們快沒時間了。我們永遠都有這個時間因素和考量。

邦：我瞭解。這在地球上是很強大的因素。

朵：所以我現在要請你離開我們了。希望下次還能與你對話。

邦：是的，沒問題。我們也很感謝有這個機會。謝謝你。我們期待有下一次機會。

朵：我現在要請你離開，回到你生活的太空船上，繼續你的工作。我現在請邦妮所有的意識和人格再一次回到這個身體裡。

接著我引導邦妮恢復完全的意識。她醒來後只記得片段的催眠經過，但說她的背感覺好多了，不像剛到時那麼困擾她。我們知道這是因為她剛經歷的深度放鬆。

我和邦妮知道我們倆人將會繼續合作，因為這個存有非常樂意跟我們分享資訊。但就像他們說的，那會是另一個故事，另一本書。

我現在只把我認為跟本書主題有關的部分收錄於此。讀者也可以看出這又再次顯示出我的工作是如何在過去的十二年裡逐漸從單純邁向複雜的領域。我已經打開門戶，資訊將會持續湧入。我只希望人類會抱持開放的態度並且調整看法，接受這些先進的想法和概念，並整合到他們的現實生活裡。

未來的世界將是由這樣的人組成——自由的思考者，那些心胸開放，能夠真心接受和瞭解其他實相與次元的人。他們將能拋下桎梏，不再被我們三次元的思維所束縛。

第十五章　結語

本書內容已經暫擱了十年以上，一直在等候正確的時機呈現在大眾面前。外星人說，在我掌握全貌之前，我不能寫出其中一些內容；他們希望我完全瞭解之後，再把資訊傳播出去。我邊準備書中資料，也邊看到自己在研究初期時的觀點，相對於我現在的看法，它們顯得幼稚許多。我看到了外星人是如何先提供少許資料，直到我能理解和消化，才給更多的訊息。我也想用這樣的方式寫這本書。我想溫和地牽著讀者的手，帶引你們走上這條未知的路徑，沿途或停下腳步思考、沉澱，直到資料深入你們的心靈，再繼續下一步。

我的研究帶領我從單純的理論走向複雜的領域，我也知道前方還有更多的資訊在等候。如果我早在一九八六年研究之初就收到現在的資料，我相信自己一定無法接受和處理。而我如無法處理，必然是兩手一攤，向他們表示這些資訊比較適合物理學家和科學家去瞭解和說明。換句話說，我會因為整個主題太過複雜而放棄。然而，他們顯然知道我的好奇心和學習與瞭解神秘事物的渴望，因此只給了我當時能負荷的資料。甚至在資訊越來越複雜時，他們還溫和地努力用比喻和儘可能簡單的解釋來說明。他們對我表現了驚人的耐性，也從來不曾動怒。他們想傳播這些資訊的渴望，就如同我渴望把它們寫出來一樣。

與MUFON合作的初期，團體裡的核心調查人員曾經對我收到使用心靈力量推動太空船的資訊嗤之以鼻。他們堅決認為，要旅行到最近的星球，一定要研發出某種燃料才有可能。也有人相信，由於旅程非常耗時，太空人必須進入某種假死狀態才行。當時他們無法放開心胸接受另類可能，而今，一九九八年夏天的一項宣告可能會永遠改變那樣的思維。

日本一群科學家已經證明我被告知的理論是可行的。他們發明了一種利用思想力量的機器。外星人說科學家很久以來就知道**思想就是能量**。這在我的工作當然不是什麼出乎意料的觀念，因為我多年來講述的就是這個概念。科學家在新聞節目裡示範那台放在頭上的機器，它的外觀和虛擬實境的機器有幾分類似。令人訝異的是，使用者只要用**想**的，他就可以開燈關燈，啟動和關掉機器，甚至還能開警報求救。節目裡顯示了各種思想如何創造出不同的頻率，然後頻率再被放大來控制室內的物件。使用者並不需要全神貫注，因為只要簡單的想法就足以啟動這個機制。

科學家說機器會先設計給殘障者使用，但我可以想見，未來它會有廣泛得多的應用。另一個驚人發現是：使用者說哪種語言並不重要，因為機器解譯的是思想，不是說出來的話。外星人說過：「思想就是事物。」日本人現在已經展現出克服語言障礙的方法，而這正是外星人使用的方式。我看得出，從使用心靈來控制燈光和警報器，以至控制汽車或太空船，這其間只是一步之遙。

全世界的科學家都在致力於創造一種能夠超越光速的推進力，基於愛因斯坦的理論，這曾經被認為是不可能的事。然而，一度被視為科幻小說的情節，現在已正式進入科學事實的領域。或許有天我們也會認為外星人的其他說法在邏輯上是可能的。

在準備本書定稿的期間，一九九八年五月號的《探索頻道雜誌》正好以特刊方式討論基因複製和複製人類的主題。出版的時機恰恰好（如果真有什麼是巧合的話），因為它讓本書的某些內容更清楚了。今天，蘇格蘭的科學家成功複製了桃莉羊，美國的科學家也跟著宣布小牛和獼猴的複製成果。全世界，尤其是政治人物，都在瘋狂爭論複製人類的道德議題。他們試圖草擬防範複製人類的法案，或至少能夠對此加以管制。這個舉動就如亡羊補牢。美國和別處的好幾家實驗室已經宣布他們在進行這類實驗，而且預期兩年內就會宣告第一起成功的複製人案例。他們說：「只要可行，就一定會去做。」這是人類對科學的好奇心。如果科學面臨挑戰，科學界不論結果如何都會接受挑戰。已經有數以百計的人想成為複製人候選人。照科學家所說的，複製人類會比複製羊來得簡單許多。

那本雜誌的文章也報導，科學家是在一九三〇年代首次展現複製的可能性。然後研究一度被停止，直到一九七〇年代青蛙被複製成功。從那時候到近期的哺乳動物的新發展，這中間並沒有任何報導。然而，大眾真的以為這四十年間都沒有人在研究這個實驗嗎？人們真的以為科學家在一九三〇年代有了第一次的突破之後就停止了研究？我相信研究一直在祕密進行，只是科學家害怕遇到像現在這樣的強烈抗議。他們知道大眾會爭論科學企圖「扮演上帝」之類的道德議題。

我的工作讓我相信，美國政府多年來一直在進行實驗，並且已經讓現在才宣布的技術到達完美。他們現在只是灑些麵包屑屑，釋放一點點資訊，讓屆時將目瞪口呆的世界先預作準備，好接受他們許久以前就已完成的事。畢竟，外星人說過，成功的複製人看起來會跟其他人類無異，而且可能已經有很多複製人生活在我們之中。當然，外星複製人和外星人與地球人的混種也是同樣情形。文章寫道：「有人會告訴她（指複製人）：『你和你媽媽長得一模一樣。』但沒有人會知道，至少在那個孩子成年並決定把她的故事賣給八卦小報之前，沒有人會知道真相。」

許多人（特別是在宗教界）認為複製人會是某種沒有心靈的機器人。這個認知非常偏離事實。科學家多年來一直在改善人工授精的技術，並因此誕生了許多完全正常的小孩。他們與其他「正常受孕」的小孩看不出有什麼不同。我們其實全都是父親和母親基因混和下的複製人。完全一樣的複製人是只有一個人的基因的結果。

在「正常」的受孕情況下，母親的卵子必須與父親的精子結合受孕，不論是在身體裡還是在實驗室的有蓋培養皿。複製人（無性繁殖）並不需要精子，卵子則是由其他方式（化學或電子）活化。卵子剛開始發展時是一團完全相同的細胞。幾天後，細胞開始分化，有一些變成骨頭，有些變成特定器官，有些變成皮膚。細胞深處的某樣東西會引發這個反應，告訴細胞要變成人體的哪個部分。因此，科學家可以在細胞分化以前，在細胞還沒有本能地知道自己的角色是什麼的時候，運作細胞並進而創造出複製人，只不過胚胎必須要放進女性的身體才能發育和成熟。

這一切聽起來都很像我十年多來不斷接收到的外星資訊：精子和卵子的樣本，身體不同部位的皮屑細胞，胚胎重新植入人體，以及在胚胎估計成熟時取出。然而這其中有個重要差異，就是外星人已經發展出在人體外發育胎兒的方法。在《星辰傳承》裡，細胞是從人類眼睛裡的液體取出，孩子則是在實驗船上實驗室裡的人造子宮裡成長。我書裡的許多個案都曾經看過外星科學家在實驗室對器皿裡的細胞工作。

我們的科學家說**成人**身體的任何細胞都能夠拿來使用，因為都具有可以製造出複製人的基因。但他們也宣稱尚未研發出啟動這個發展的方法，因為成人的細胞已經分化了。換言之，不論是不是新的細胞，細胞都已經得知它在人體要扮演哪個部位／器官的角色。但科學家宣稱這是可以做到的，所以也一定會完成。

那篇文章也說，除了身體方面，沒有任何複本會是完全一樣的。舉例來說，即使你能得到愛因斯坦或莎士比亞的細胞並製造了一個複本，但他會具有原先那個人的同樣天分嗎？這其中有多少是由基因決定？又有多少是由那個人成長的環境和文化所決定？一個被複製出的人跟原本的那個人，他們永遠會相隔至少一個世代。複本勢必是在一個完全不同的社會、文化和環境裡成長並受到影響。文章也提到，科學家對於母親對子宮裡的胎兒發展有多少影響尚不可知。這跟外星人說到珍妮絲的情況是一樣的。外星人說可以製造出兩種明確不同的個體。其中一個是由母親的基因材料複製出來，所以會是一模一樣的**精確**複製。而在子宮發育的則會受到母親日常生活的經歷所影響，因此會產生不同類型的個體。

有個非常關鍵卻沒有被提出來的一點是：為什麼除了身體以外，複製人和原本那個人並不會完全一樣？原因就在於我們**不是**身體；我們是**有**一副身體。人類真正的本質是永恆的靈魂。要直到靈魂進入了身體，身體才有生命。不論科學是多麼專注在發展身體，除非有了靈魂的啟動，身體只是一個沒有生氣的空殼。而進入身體的那個靈魂則帶著本身的業力課題和它要展開的新生命目標，這就必然會創造出與基因提供者不同的複製人，因為他們是兩個個別的靈魂。就連外星人都認知到這一點。

在《星辰傳承》裡，未來世界住在地底下的人失去了繁衍能力，他們在一種石棺類的容器裡再造了一模一樣的身體，但他們知道，除非靈魂決定進入，否則身體會一直保持在無生命的狀態。我在那本書裡討論到，在長久的生命週期裡，我們都曾經在某個時候棲息於外星人的身體。因為我們的靈魂從以前到現在就一直存在，而未來也將持續存在，並且不斷地進到新的、不同的身體，學習任何想像得到的課程。

如果你想想宇宙的年歲，我們就知道地球其實是個年輕的星球，因此我們在決定體驗年輕的地球所提供的情緒和限制的課題之前，我們便曾在不同的生命形式裡有過許多探險。外星人知道我們都有一個永恆的靈魂，而且我們最初都是來自源頭（他們對神的稱謂）。這是為什麼我在那本書裡說：「他們就是我們，我們就是他們。我們全是一體。」

我之所以相信美國政府的複製技術是完美的，是因為去過地底秘密基地個案的報告。那些人曾經看過他們形容為「怪獸」的生物被發展出來。這暗示了美國政府已經有完美的複製技術，並且在合成人類和其他物種的基因。這樣的工作只能在不見光的地方秘密進行。

外星人說他們曾和政府的科學家合作，並試著提供建議，因為外星人的複製技術已經完美無瑕。然而政府忽視這些忠告，企圖改善已無可改善的技術。外星人知道人類科學家會犯錯，但決定讓科學家們自己去發現。外星人還說，他們也做過結合不同物種的實驗，不過是為了不同的原因。

他們並不完全是出於好奇，而是為了造出適合在其他太陽系行星上生存的物種。在我們看來奇怪又令人反感的物種，在另一個環境卻是完全可被接納。也因此，許多跟美國政府和外星人的相關事情永遠不會對大眾揭露。

外星人說，因為我們有可能毀了地球，他們已經在預備一個讓人類居住的星球。這個星球跟地球很類似，而他們也已經把利用基因複製出的一些生物帶了過去。外星人說人類生命**絕對**不能被摧毀。生命太脆弱，也太珍貴了。因此人類物種以這種方式被保存，這是一般經歷幽浮綁架事件的人類所沒能理解的事。他們的基因非常珍貴，而且被作為保存物種之用；不僅存續在地球，也在其他星系的行星。他們在不自知的情況下，為人類種族的存續提供了協助與答案。

我相信會有那麼一天，可能不是在我的有生之年，但我想，將會有那麼一天，當遮蔽人類雙眼的眼罩被取下，科學家將會認為這些備受爭議的想法是有可能的事。一旦認為某件事可能，他們的心靈就能自由地探索並踏上未知和陌生的路徑。許多新的發現就是這樣透過那些願意試驗新事物，並且嘗試去解釋不可能事物的人們而獲得的。當那天來臨，我們將發現，在人類的五種感官能觸及的具體實相之外，還有好多、好多的事物。我們將發現，其他的存在層面、其他次元和宇宙跟我們的這一個宇宙原來是比鄰存在。我們將發現，在這些次元和宇宙間旅行不僅可能，而且令人嚮往。我們將發現，這些不僅是瘋狂的理論，而是有事實的根據。一旦我們移除了阻礙進步的眼罩，脱離了線性思維加諸於自身的限制，我們將發現，我們確實只被自己的想像力所侷限。於是我們便能鬆開將我們束縛於地球的種種羈絆，加入我們的宇宙弟兄、祖先，與他們和平共存於星際之間。

太空曾被認為是人類最後的前線，一個未開拓的領域，然而，與我們同時存在的其他次元和平行宇宙，很有可能是人類的下一個挑戰。而在實際探索之前，我們有必要先對它們有所瞭解。

因此，我會繼續探究和提問，為現有越來越多的證據貢獻我發現的資料。

漫長的探索旅程將持續下去。

後記

作者朵洛莉絲完成了這趟精彩的地球旅程；她以旺盛的好奇心，堅持不懈的探索精神，最重要的，是她無私的動機、正直與愛，帶給了大家珍貴無比的訊息和教導。

我想，紀念她的最好方式就是我們從自己開始，實踐她所傳遞的訊息，在生活中做出良善利他的選擇，讓這個世界多些愛，少些恨；多些寬恕，少些報復；多些理解，少些敵視。

讓我們賦予「新地球」更多的力量。

宇宙花園　先驅意識08

監護人——外星綁架內幕〔下〕

THE CUSTODIANS "Beyond Abduction"

作者：Dolores Cannon
譯者：林雨蒨、張志華
編輯：宇宙花園
版型：黃雅藍
出版：宇宙花園　網址：www.cosmicgarden.com.tw
e-mail：service@cosmicgarden.com.tw
總經銷：聯合發行股份有限公司　電話：(02)2917-8022
印刷：鴻霖印刷傳媒股份有限公司
初版一刷：2014年12月　二版一刷：2024年7月
定價：NT$ 430元
ISBN：978-986-89496-8-3

國家圖書館出版品預行編目資料

監護人——外星綁架內幕〔下〕/ 朵洛莉絲・侃南（Dolores Cannon）著；林雨蒨、張志華譯. -- 初版. –
臺北市：宇宙花園, 2014.09–2014.12
冊；公分. --（先驅意識；7-8）
譯自：The Custodians "Beyond Abduction"
ISBN:978-986-89496-7-6（上冊：平裝）
ISBN:978-986-89496-8-3（下冊：平裝）
1. 外星人　2. 不明飛行體　3. 奇聞異象

326.96　　103017127